PIE遥感数字图像处理专题实践

姜海玲　王宇翔　刘吉平　任芳　杨赫鸣　编著

清华大学出版社

北京

内 容 简 介

本书以 PIE 遥感软件为基础,通过实战案例引领读者深入探索遥感数字图像处理的广袤天地,全面阐述了从基础到高级的理论知识与实践技巧,旨在构建系统知识体系,提升读者在遥感领域的实践应用能力和专业素养。书中内容覆盖广泛,以专题形式有序展开,分别聚焦农业遥感(专题一)、植被遥感(专题二)、土地覆盖与生态环境遥感(专题三)、城市与人居环境遥感(专题四)以及水环境遥感(专题五)。每个专题独立成章,设计有详细的实验步骤和案例分析,系统且深入地探讨遥感技术在多个领域的应用,帮助读者在实际操作中积累经验,提升能力。

本书可作为高等院校地理信息科学、资源环境科学、遥感科学与技术等专业本科生及研究生实践类课程的配套教材,也可供相关专业人员、从业人员参考。

图书在版编目(CIP)数据

PIE 遥感数字图像处理专题实践 / 姜海玲等编著. -- 北京 : 清华大学出版社,2024.12.
ISBN 978-7-302-67691-1

Ⅰ. TP751

中国国家版本馆 CIP 数据核字第 20257AB600 号

责任编辑:秦　娜　王　华
封面设计:陈国熙
责任校对:赵丽敏
责任印制:刘海龙

出版发行:清华大学出版社
　　　　网　　址:https://www.tup.com.cn,https://www.wqxuetang.com
　　　　地　　址:北京清华大学学研大厦 A 座　　　邮　　编:100084
　　　　社 总 机:010-83470000　　　　　　　　邮　　购:010-62786544
　　　　投稿与读者服务:010-62776969,c-service@tup.tsinghua.edu.cn
　　　　质量反馈:010-62772015,zhiliang@tup.tsinghua.edu.cn
印 装 者:三河市少明印务有限公司
经　　销:全国新华书店
开　　本:185mm×260mm　　印　　张:19.25　　　　字　　数:464 千字
版　　次:2024 年 12 月第 1 版　　　　　　　　　印　　次:2024 年 12 月第 1 次印刷
定　　价:59.80 元

产品编号:109631-01　　　　　　　　　　　　　　审图号:GS 京(2024)2333 号

前言

　　遥感技术，犹如洞悉地球的慧眼，以其无垠的范围和前所未有的精度，揭示地表微妙变迁，太空俯瞰下，洞察一切自然法则与人类足迹，开启地球奥秘之旅，展现无限探索可能。在当今数字化浪潮中，遥感技术作为连接地球与数字世界的桥梁，应用广泛，覆盖环境保护、城市规划、农业精细管理以及灾害快速响应等多个关键领域。因此，掌握遥感数字图像处理技术不仅是行业创新实践的基石，为解决现实问题提供技术支撑和解决方案，更是引领未来发展的重要引擎，推动社会向更加智能化、精细化的方向发展。然而，随着卫星遥感精度跃升、计算机算力迅猛发展，遥感数据海量、多样、实时特征日益凸显，高效的分析处理方法亟须探索。

　　遥感图像数据不仅规模庞大，而且具有多样性和复杂性。正确地处理和分析遥感图像数据，不仅需要掌握扎实的数据处理技术，包括图像处理、数据挖掘、模式识别等，还依赖于高效的数据处理和分析工具。过去几十年间，国外软件如 ENVI、ERDAS 等凭借先进技术和强大功能为全球的科研人员提供了高效的解决方案，极大地推动了遥感技术的普及与应用。这些软件在数据处理、特征提取、分类识别等方面发挥了重要作用，推动了遥感技术的发展和应用。随着国内遥感技术的蓬勃发展，国产软件异军突起，其中以 PIE(pixel information expert)软件为代表，打破了国外技术的垄断格局。这些软件不仅在技术上比肩国际先进水平，实现了数据处理与算法研发的自主可控，而且针对国内实际需求进行深度优化和定制化，提供了更加友好、高效、稳定的用户体验，极大地提升了软件的实用性和易用性。

　　全书共使用 PIE 系列软件中的 Basic、SIAS、Hyp、Map 4 个模块，以及 WPS、ArcGIS 软件，下载地址见下页二维码(左)。书中内容覆盖广泛，以专题形式有序展开。专题一详细介绍了 4 种农作物种植结构信息提取的主要方法：统计模式识别、知识规则、智能计算以及面向对象技术；专题二为植被的精细监测与分析，涵盖植被覆盖度、叶片叶绿素含量、叶面积指数等关键参数的遥感反演，以及草原与沙漠化等生态环境问题监测；专题三为地表地物类型识别及生态环境监测，包括生态环境质量遥感监测、土地覆盖与生态环境遥感、秸秆焚烧火点提取、湿地遥感监测、长白山地区生态环境状况评价；专题四以城市为研究对象展开，内容包括城市热岛效应、积雪覆盖信息提取，以及城市不透水面提取；专题五为水体的遥感监测研究，强调了利用遥感技术研究水资源的重要意义，详细介绍了水域分布遥感信息的提取方法、水环境参数(如水质、水温等)反演技术。实验中所用到的数据可通过扫描下页二维码(右)下载(密码为 2024)。

感谢硕士研究生于海淋、张舒涵、冯馨慧、范铭轩、郑世欣、吕增淼、王丽遥、陈光义以及本科生张竞以、张艺琪、赵欢欢、孙玺浩、李焕东、郭艺涵、沈佳琳、陈梓莹、熊云珊、卢雨忻、李佳楠、桂舒琪、李祖亮参与了本书实验操作步骤的编写。此外,特别感谢于海淋对规范实验步骤做了大量工作,张舒涵、冯馨慧对本书的实验进行了错误纠正,范铭轩和吕增淼为本书搜集了相关实验数据。在此向参与本书编撰工作的所有成员致以诚挚的谢意。同时,特别感谢航天宏图信息技术股份有限公司的教育总监卫黎光、任芳在本书编写过程中给予的宝贵指导,以及技术工程师王高磊在技术上给予的帮助。

由于编者经验有限,书中难免存在不足之处,恳请各位读者批评指正。

软件下载地址　　　　　　　　　　　　　　数据下载地址

目录

专题一 农业遥感

专题二 植 被 遥 感

专题三　土地覆盖与生态环境遥感

专题四 城市与人居环境遥感

专题五　水环境遥感

专题一

农 业 遥 感

实验 **1**
基于统计模式识别的遥感图像分类

1.1 实验要求

根据 2020 年 8 月吉林省前郭尔罗斯蒙古族自治县(简称前郭县)的哨兵影像,使用统计模式识别的遥感图像分类方法将该区域的地物类型分为玉米、水稻、水域、林地、建筑用地 5 类。根据实验数据,完成下列分析。

(1) 运用监督分类的方法对该区域 5 类地物进行遥感识别。

(2) 运用非监督分类的方法对该区域 5 类地物进行遥感识别。

1.2 实验目标

(1) 掌握遥感图像监督分类的方法。

(2) 掌握遥感图像非监督分类的方法。

1.3 实验软件

软件:PIE-Basic 7.0。

1.4 实验区域与数据

1.4.1 实验数据

< qg >:2020 年 8 月前郭县的哨兵 2 号影像数据(预处理过程见实验 3)。

< qgpoint >:2021 年 8 月前郭县地物实测数据(用于采集样本时使用)。

< qg.shp >:前郭县矢量数据。

1.4.2　实验区域

前郭县隶属吉林省松原市,是吉林省唯一的蒙古族自治县,地处东经 $123°35′$ ～ $125°18′$,北纬 $44°17′$ ～ $45°28′$,位于吉林省西北部,松嫩平原南部,如图 1.1 所示。全县东西长 136km,南北宽 130km,呈靴形,总面积 $7000km^2$。研究区地势由西南台地和风蚀岗地向东北平地过渡,海拔为 126 ～ $293m$。松花江流经县域东部边境,嫩江流经县域北部边境。研究区属温带大陆性季风气候区,春季多风少雨,夏季炎热多雨,秋季凉爽少雨,冬季寒冷干燥。该区年均降水量为 400 ～ $500mm$,年均日照时数约 $2879h$,年均蒸发量大于 $1200mm$,其中以 4—5 月蒸发量最大,蒸发量接近全年的一半,总体上全年呈现年蒸发量较大、年均降水少和积温不足的特征。研究区平均气温为 $4.5℃$,适种喜冷、一年一熟作物,玉米和水稻是主要种植作物,其中玉米在县域内分布较均匀,水稻主要分布在县域北部,甜菜、大豆、春小麦等作物种植面积较小,在区域内零星分布。

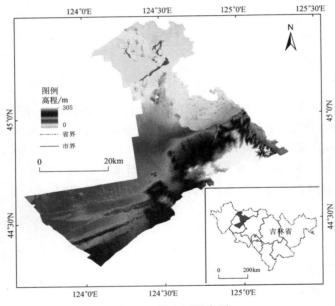

图 1.1　研究区示意图

1.5　实验原理

基于统计模式识别的遥感影像分类方法是目前应用较多、算法较为成熟的方法。统计模式识别主要是将一种模式正确地分成几种现有的模式类型。统计模式识别的关键是提取待识别模式的一组统计特征值,然后按照一定准则进行决策,从而对遥感图像进行识别。

目前,基于统计模式识别的遥感影像分类方法主要有监督分类和非监督分类两种。

监督分类又称训练分类,是以建立统计识别函数为理论基础,依据典型样本训练方法进行分类的技术,即根据已知训练区提供的样本,通过选择特征参数,求出特征参数作为决策规则,建立判别函数,对各待分类影像进行图像分类,要求训练区域具有典型性和代表性。判别准则若满足分类精度要求,则此准则成立;反之,需重新建立分类的决策规则,直至满足分类精度要求为止。

非监督分类是以不同影像地物在特征空间中类别特征的差别为依据的一种无先验(已知)类别标准的图像分类,是以集群为理论基础,通过计算机对图像进行集聚统计分析的方法。其根据待分类样本特征参数的统计特征,建立决策规则来进行分类,而不需事先知道类别特征。把各样本的空间分布按其相似性分割或合并成一个群集,每一个群集代表的地物类别,需经实地调查或与已知类型的地物加以比较才能确定。一般算法有回归分析、趋势分析、混合距离法、集群分析、主成分分析和图形识别等。

各地物类型特征见表1.1。

表 1.1　地物类型特征

地物类别	定义样本规则
玉米	8月中旬处于开花期,在影像上纹理较规整且呈现深红色
水稻	8月中旬处于抽穗期,一般沿河流分布,在影像上呈现暗红色
水域	自然形成的河流呈弯曲线状或带状,在影像上颜色呈暗蓝色或墨绿色
林地	形状不规则,与其他地类的边界模糊,在影像中呈现不规则红色
建筑用地	呈面状分布,几何特征明显,在影像中色调多样

1.6　实验步骤

1.6.1　监督分类

1. 定义训练样本

在 PIE-Basic 7.0 中加载数据“821cj”。为了后续更直观地对地物类别进行判读,首先对数据“821cj”影像进行标准假彩色合成。右击“821cj”图层,单击【属性】→【图层属性】→【栅格渲染】。将【波段】调成 8、4、3,如图 1.2 所示。

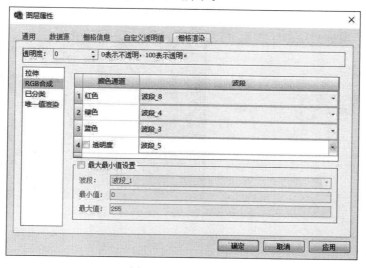

图 1.2　真彩色合成

添加训练样本：在主菜单中单击【图像分类】→【样本采集】→【ROI工具】，弹出【ROI工具】对话框。在弹出的【ROI工具】对话框中单击【样本列表】→【增加】按钮。在【样本列表】中将【样本序号】为"1"的【ROI名称】更改为"玉米"，【ROI颜色】更改为暗红色。如图1.3所示。

图1.3　添加与定义训练样本

定义训练样本：在【ROI工具】对话框中，【图形】选择"多边形"后，按照"玉米"地物类别的判读规则在主页面数据视图的"821cj"数据中绘制感兴趣区域（region of interest，ROI）。

绘制ROI，结合实测数据，再根据表1.1所述，玉米在影像上纹理较规整且呈现深红色的特征，在影像中选取"玉米"地类ROI，如图1.4所示。

图1.4

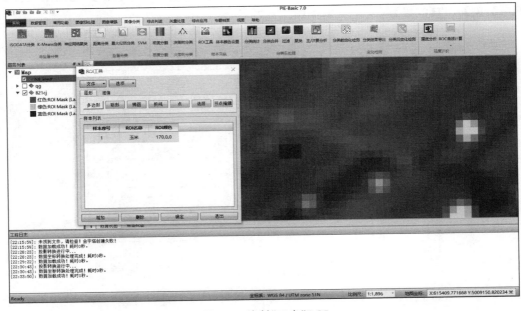

图1.4　绘制"玉米"ROI

水稻、林地、水体、建筑用地 4 类地物,使用"玉米"绘制 ROI 的步骤进行绘制。所有地物的样本列表如图 1.5 所示。

图 1.5 所有地物的样本

2. 选择监督分类算法

在 PIE-Basic 7.0 中的监督分类方法主要有距离分类、最大似然分类、支持向量机(support vector machine,SVM)3 种,这里主要介绍距离分类、最大似然分类。

距离分类:利用训练样本数据计算出每一类的均值向量和标准差向量,然后以均值向量作为该类在特征空间中的中心位置,计算输入图像中每个像元到各类中心的距离,到哪一类中心的距离最小,该像元就归入哪一类。

最大似然分类:假设每一个波段的每一类统计都呈正态分布,计算给定像元属于某一训练样本的似然度,像元最终被归并到似然度最大的一类中。

1)距离分类

在 PIE-Basic 7.0 主菜单中单击【图像分类】→【监督分类】→【距离分类】,弹出【距离分类】对话框,对其参数进行设置,如图 1.6 所示。

单击【选择文件】→【导入文件】,选择将要进行分类的文件。这里选择"821cj"影像数据。

【选择区域】:默认设置即可。

【选择波段】:默认设置即可。

【选择 ROI】:找到上一步骤定义的训练样本,这里选择"ROI 5. pieroi"。

【分类器】:分类器的选择有"马氏距离"和"最小距离"两种。此处以最小距离为例,设置为"最小距离"。

【输出文件】:选择一个输出路径即可。单击【确定】按钮,输出结果。如图 1.7 所示。

图 1.7

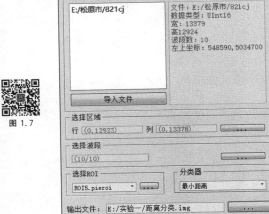

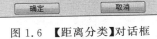

图 1.6 【距离分类】对话框

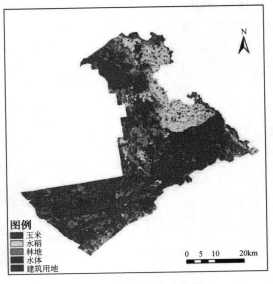

图 1.7 距离分类法结果

2）最大似然分类

在 PIE-Basic 7.0 主菜单中单击【图像分类】→【监督分类】→【最大似然分类】，弹出【最大似然分类】对话框，对其参数进行设置，如图 1.8 所示。

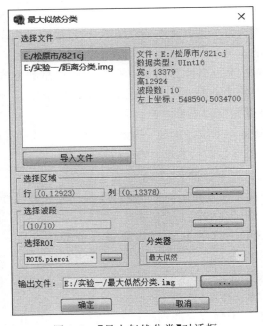

图 1.8 【最大似然分类】对话框

单击【选择文件】框下的【导入文件】按钮，选择将要进行分类的文件。这里选择"821cj"影像数据。

【选择区域】：默认设置即可。

【选择波段】：默认设置即可。

【选择 ROI】：找到上一步骤定义的训练样本，这里选择"ROI 5. pieroi"

【分类器】：默认选项为"最大似然"。

【输出文件】：选择一个输出路径即可。

单击【确定】按钮，输出结果，如图1.9所示。

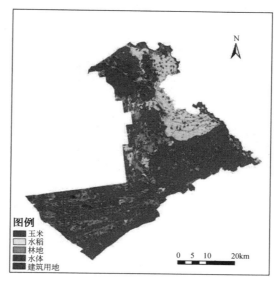

图 1.9

图 1.9　最大似然分类结果

3. 分类后处理

在 PIE-Basic 7.0 中的分类后处理的方法主要分为主/次要分析、聚类分析、过滤处理3种。

1）主/次要分析

在 PIE-Basic 7.0 主菜单中单击【图像分类】→【分类后处理】→【主/次要分析】，弹出【主/次要分析】对话框，对其参数进行设置，如图1.10所示。

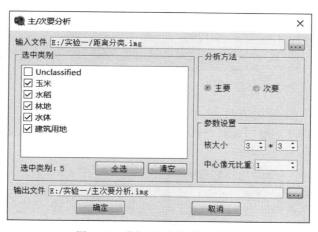

图 1.10　【主/次要分析】对话框

【输入文件】：以距离分类为例，这里选择距离分类后的影像。

【选中类别】：勾选"玉米""水稻""林地""水体""建筑用地"5类地物。

【分析方法】：默认设置即可。

【参数设置】：默认设置即可。

【输出文件】：选择一个输出路径即可。

单击【确定】按钮，生成结果，如图1.11所示。

图 1.11

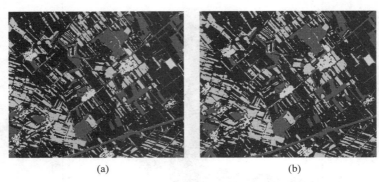

(a)   (b)

图 1.11   主/次要分析结果

（a）分析前；（b）分析后

2）聚类分析

在 PIE-Basic 7.0 主菜单中单击【图像分类】→【分类后处理】→【聚类】，弹出【聚类】对话框。对其参数进行设置，如图1.12所示。

图 1.12   【聚类】对话框

【输入文件】：以距离分类为例，这里选择距离分类后的影像。

【选中类别】：勾选"玉米""水稻""林地""水体""建筑用地"5类地物。

【参数设置】：默认设置即可。

【输出文件】：选择一个输出路径即可。

单击【确定】按钮，生成结果，如图1.13所示。

3）过滤处理

在 PIE-Basic 7.0 主菜单中单击【图像分类】→【分类后处理】→【过滤】，弹出【过滤】对话

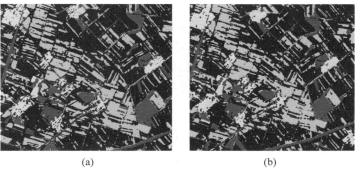

(a)　　　　　　　　　　　　　(b)

图 1.13　聚类分析结果

（a）聚类前；（b）聚类后

框，对其参数进行设置，如图 1.14 所示。

图 1.14　【过滤】对话框

【输入文件】：以距离分类为例，这里选择距离分类后的影像。

【选中类别】：勾选"玉米""水稻""林地""水体""建筑用地"5 类地物。

【参数设置】：默认设置即可。

【输出文件】：选择一个输出路径即可。

单击【确定】按钮，生成结果如图 1.15 所示。

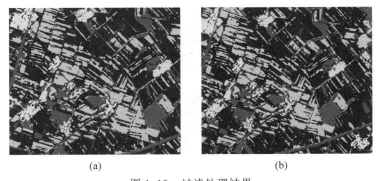

(a)　　　　　　　　　　　　　(b)

图 1.15　过滤处理结果

（a）过滤前；（b）过滤后

4. 分类统计

对各个地物分类后的数据进行统计。在 PIE-Basic 7.0 主菜单中单击【图像分类】→【分类后处理】→【分类统计】，弹出【分类统计】对话框，对其参数进行设置，如图 1.16 所示。

单击【开始统计】按钮，生成统计结果，如图 1.17 所示。

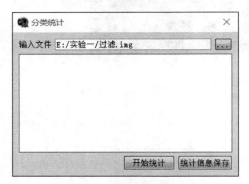

图 1.16 【分类统计】对话框

图 1.17 分类统计结果

1.6.2 非监督分类

在 PIE-Basic 7.0 中的非监督分类方法主要有 IsoData 分类、K-Means 分类、神经网络聚类 3 种，这里主要介绍 IsoData 分类。

IsoData 分类：一种重复自组织数据分析技术，计算数据空间中均匀分布的类均值，然后用最小距离技术将剩余像元进行迭代聚合，每次迭代都重新计算均值，且根据所得的新均值对像元重新分类。

1. IsoData 分类具体步骤

在 PIE-Basic 7.0 主菜单中单击【图像分类】→【非监督分类】→【IsoData 分类】，弹出【IsoData 分类】对话框。对其参数进行设置，如图 1.18 所示。

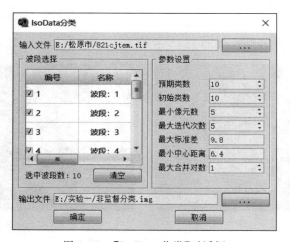

图 1.18 【IsoData 分类】对话框

【预期类数】：分类前对遥感影像进行分析，检查影像整体上需要分出的目标类别数，预期类数通常是目标类别数量的 2～3 倍，若后期分类效果不好，可再次调整此参数。

【初始类数】：通常应该与预期类数相差不超过 2。

【最小像元数】：设置形成一类别所需的最小像元数，可设置得大一些。此处参数可用来减少出现细碎斑点的分类成果。

【最大迭代次数】：理论上迭代次数越多，分类结果越精确。

【最大标准差】：该参数是设置分类的阈值，如果某一类别的标准差比该阈值大，该类将被拆分成两类。根据影像灰度值设置该参数，若同一类别中存在多种地物需分离，为放大类别之间的差异，该参数值应尽量小。

【最小中心距离】：两类别中心点的距离小于输入的最小值，则类别将被合并。为避免同一类别被分成多个图层，该参数设置值应尽量小。

【最大合并对数】：一次迭代运算中可以合并的聚类中心的最多对数。

根据本次实验的目标及要求。这里对弹出的【IsoData 分类】对话框参数进行如下设置：【预期类数】为 10；【初始类数】为 10；【最小像元数】为 5；【最大迭代次数】为 5；【最大标准差】为 9.8；【最小中心距离】为 6.4；【最大合并对数】为 1。并在【输出文件】设置存储路径，如图 1.18 所示。

单击【确定】按钮，生成分类结果，如图 1.19 所示。

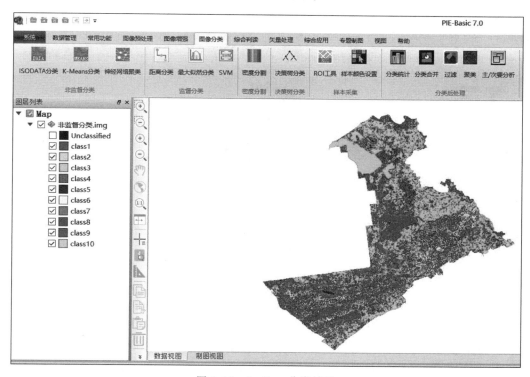

图 1.19　IsoData 分类结果

2．类别定义

右击【非监督分类】图层，单击【属性】→【图层属性】→【栅格渲染】。在【色彩映射表】

下,定义分类后各个颜色的地物类别,在【标注】列表下更改,如图 1.20 所示。

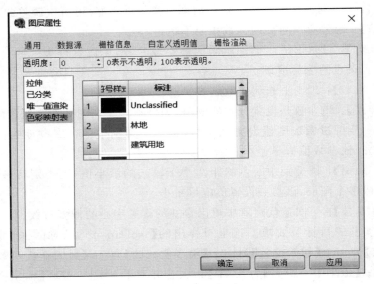

图 1.20　定义类别

单击【确定】按钮,生成定义类别结果,如图 1.21 所示。

图 1.21

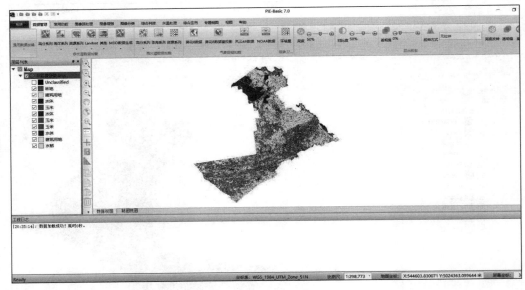

图 1.21　定义类别结果

3. 合并子类

在 PIE-Basic 7.0 主菜单中单击【图像分类】→【分类后处理】→【分类合并】,弹出【分类合并】对话框,对其参数进行设置。

在【分类合并】下的【类别关系对应】栏中,选择输入类别中对应输出类别的一个,再单击【添加对应】按钮,将 10 个输入类别合并成 5 个输出类别,如图 1.22 所示。

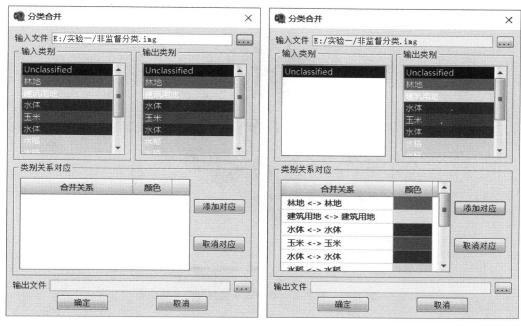

图 1.22　【分类合并】对话框

单击【确定】按钮,输出分类合并结果,如图 1.23 所示。

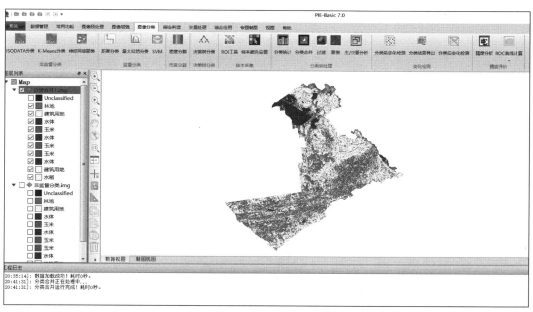

图 1.23　分类合并结果

1.6.3　专题制图

前郭县作物种植非监督分类专题图如图 1.24 所示。

图 1.24

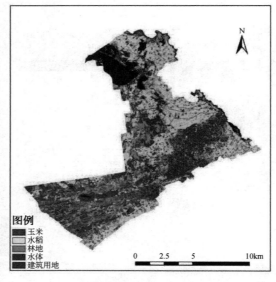

图 1.24　前郭县作物种植非监督分类专题图

实验 2

基于知识规则的遥感影像分类

2.1 实验要求

将吉林省前郭县的土地利用类型分为玉米、水稻、林地、水体、其他农作物、非植被 6 类，并完成下列分析：

(1) 基于阈值法建立分类规则，对前郭县的地物进行决策树分类。

(2) 计算前郭县农作物种植面积。

2.2 实验目标

(1) 熟悉遥感数据进行地物分类的基本原理。

(2) 掌握基于知识规则的遥感影像地物分类方法。

2.3 实验软件

软件：PIE-Basic 7.0。

2.4 实验区域与数据

2.4.1 实验数据

＜qg＞：2020 年 8 月的吉林省前郭县哨兵 2 号遥感影像数据（预处理过程见实验 3）。

＜qgpoint＞：2021 年 8 月的前郭县地物实测数据。

＜qg.shp＞：前郭县矢量数据。

2.4.2 实验区域

同实验 1。

2.5 实验原理

基于知识规则的决策树分类是基于遥感影像数据以及其他空间数据,通过简单数学统计和归纳方法等获得分类规则,进行遥感分类。分类规则易于理解,分类过程也符合人们的认知过程,它的最大特点是利用多源数据。

知识规则决策树分类步骤大体可以分为 4 步:知识规则定义、规则输入、决策树运行和分类后处理。难点是规则的获取,规则可以来自经验总结,比如坡度小于 20°的是缓坡;也可以通过统计的方法从样本中获取。

本实验采用归一化差异植被指数(normalized difference vegetation index,NDVI)、比值植被指数(relative vegetation index,RVI)、植被覆盖度(fractional vegetation cover,FVC) 3 个特征值,计算公式如式(2.1)~式(2.3)所示:

$$NDVI = \frac{NIR - Red}{NIR + Red} \tag{2.1}$$

$$RVI = \frac{NIR}{Red} \tag{2.2}$$

$$FVC = \frac{NDVI - NDVI_{min}}{NDVI_{max} - NDVI_{min}} \tag{2.3}$$

式中:NIR 为近红外波段反射率;Red 为红波段的反射率。

2.6 实验步骤

2.6.1 数据预处理

(1) 在 PIE-Basic 7.0 主菜单中,加载"821cj"数据。

(2) 根据式(2.1)计算 NDVI。在 PIE-Basic 7.0 主菜单中单击【常用功能】→【图像运算】→【波段运算】,在【输入表达式】对话框中输入 NDVI 计算公式"(b1-b2)/(b1+b2)",如图 2.1 所示。

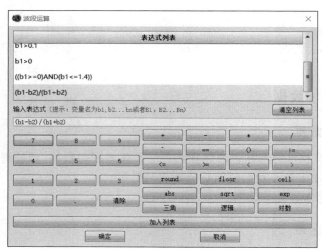

图 2.1 【波段运算】对话框

　　单击【确定】按钮,弹出【波段变量设置】对话框,给 b1 赋予近红外波段(波段 8),给 b2
赋予红光波段(波段 4)。【输出数据类型】选择"浮点型(32 位)"。设置输出文件的路径及名
称,如图 2.2 所示。单击【确定】按钮执行 NDVI 计算,得到的结果如图 2.3 所示。

图 2.2　NDVI【波段变量设置】对话框

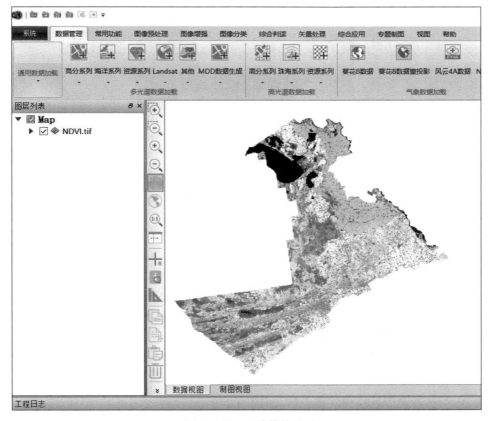

图 2.3

图 2.3　NDVI 计算结果图

（3）根据式(2.2)计算 RVI。在 PIE-Basic 7.0 主菜单中单击【常用功能】→【图像运算】→【波段运算】。在【输入表达式】对话框中输入 RVI 计算公式"b1/b2"，单击【确定】按钮，弹出【波段变量设置】对话框，给 b1 赋予近红外波段（波段 8），给 b2 赋予红光波段（波段 4）。【输出数据类型】选择"浮点型（32 位）"，设置输出文件的路径及名称。单击【确定】按钮执行 RVI 计算，得到的结果如图 2.4 所示。

图 2.4

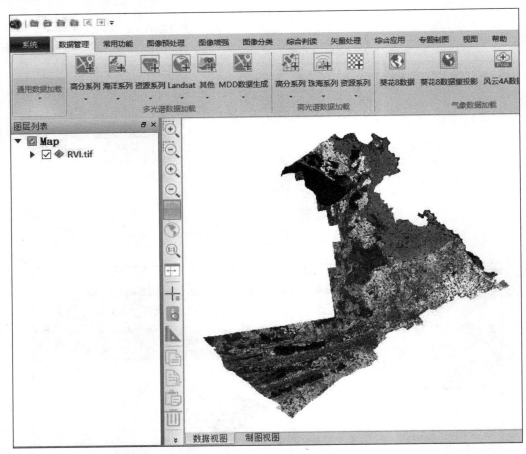

图 2.4　RVI 计算结果图

（4）根据式(2.3)计算 FVC。首先获取纯净植被像元与纯净土壤像元的 NDVI 值，假定 NDVI 值小于 0 的为其他地物像元，NDVI 值大于 0 的为植被和土壤像元，据此原理可以使用掩膜工具将其他地物剔除，不参与后续处理。具体操作如下。

在 PIE-Basic 7.0 主菜单中单击【常用功能】→【图像运算】→【波段运算】，在【表达式】对话框中输入"b1>0"，为 b1 赋予 NDVI 计算结果。【输出数据类型】为"无符号整型（8 位）"，设置输出文件路径及名称，如图 2.5 所示。

应用掩膜。单击【常用功能】→【掩膜工具】→【应用掩膜】。弹出【应用掩膜】对话框，在【输入文件】中选择 NDVI 结果文件，【掩膜文件】选择上一步得到的 NDVI 掩膜文件，【掩膜值】默认为 0，设置输出文件路径及名称，如图 2.6 所示。

设置好所有参数后，单击【确定】按钮，得到应用掩膜后的结果，如图 2.7 所示。

图 2.5　NDVI 掩膜波段变量设置对话框　　　　图 2.6　【应用掩膜】对话框

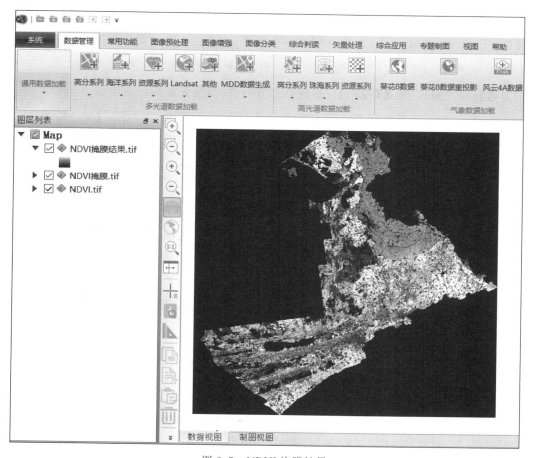

图 2.7

图 2.7　NDVI 掩膜结果

单击【常用功能】→【图像统计特征】→【直方图统计】,弹出【直方图统计】对话框,在【文件选择】中选择 NDVI 掩膜后得到的结果文件,在【通道选择】中选择结果文件的唯一波段,在【参数设置】中不勾选【统计为 0 的背景值】,其余参数为默认参数,如图 2.8 所示。

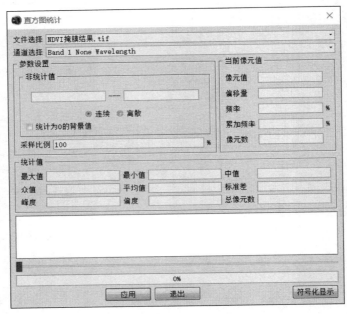

图 2.8 【直方图统计】对话框

参数设置完成后,单击【应用】按钮进行直方图统计,结果如图 2.9 所示。

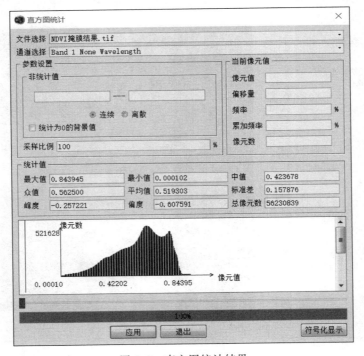

图 2.9 直方图统计结果

单击【符号化显示】按钮,在弹出的【数据报告窗口】中单击【保存到文件】按钮,如图 2.10 所示。

选取累积概率为 5% 和 95% 的 NDVI 值作为置信区间,认为土壤类型累积百分比小于 5% 的为纯净土壤像元,作为 NDVI$_{min}$;植被类型累积百分比大于 95% 的为纯净植被像元,作为 NDVI$_{max}$。

(5) 单击【常用功能】→【图像运算】→【波段运算】,弹出【波段运算】对话框。在【表达式】中输入"(b1−0.0352)/(0.6365−0.0352)"。为 b1 赋予 NDVI 结果。【输出数据类型】为"浮点型(32 位)",设置输出文件路径及名称,如图 2.11 所示。

图 2.10 【数据报告窗口】对话框

图 2.11 FVC【波段变量设置】对话框

单击【确定】按钮,完成 FVC 计算。

2.6.2 基于阈值的决策树分类

1. 建立决策树

(1) 在 PIE-Basic 7.0 主菜单中单击【图像分类】→【决策树分类】,弹出【决策树】对话框。

(2) 区分水体和非水体。单击 Node1,弹出【节点属性】对话框,在【名称】中输入"NDVI<0",在【表达式】中输入"b1<0"。如图 2.12 所示。单击【确定】按钮,在弹出的【波段运算】对话框中,选择 NDVI 波段,如图 2.13 所示。

(3) 区分植被和非植被。在决策树对话框中右击 class0,单击【添加子节点】,打开【节点属性】对话框,在【名称】中输入"NDVI<0.4",在【表达式】中输入"b1<0.4",如图 2.14 所示。

图 2.12 区分水体与非水体对话框

图 2.13 【波段运算】对话框(1)

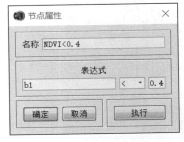

图 2.14 区分植被和非植被对话框

单击【确定】按钮,在弹出的【波段运算】对话框中,选择 NDVI 波段。

(4) 提取水稻。在决策树对话框中,右击 class2,单击【添加子节点】,打开【节点属性】对话框,在【名称】中输入"FVC>1",在【表达式】中输入"b2>1",如图 2.15 所示。

单击【确定】按钮,在弹出的【波段运算】对话框中,选择 FVC 波段。

(5) 提取玉米。在决策树对话框中,添加一个新的子节点,打开【节点属性】对话框,在【名称】中输入"RVI>3",在【表达式】中输入"b3>3",如图 2.16 所示。

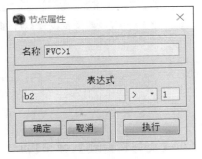

图 2.15 提取水稻

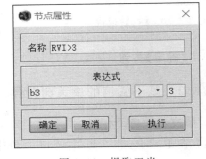

图 2.16 提取玉米

单击【确定】按钮,在弹出的【波段运算】对话框中,选择 RVI 波段。

(6) 区分林地和其他农作物。在决策树对话框中,添加一个新的子节点,打开【节点属性】对话框,在【名称】中输入"RVI>0.5",在【表达式】中输入"b3>0.5",如图 2.17 所示。

单击【确定】按钮,在弹出的【波段运算】对话框中,选择 RVI 波段。全部波段变量设置如图 2.18 所示。

2. 执行决策树

在决策树对话框中,依次单击【选项】→【执行】。决策树分类结果图如图 2.19 所示。

图 2.17 区分林地和其他农作物

图 2.18 【波段运算】对话框(2)

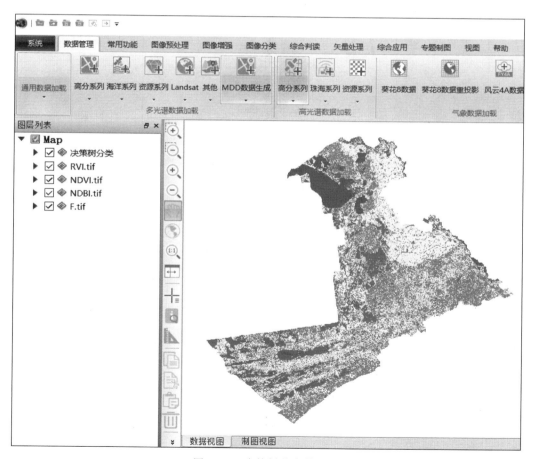

图 2.19

图 2.19 决策树分类结果图

2.6.3 农作物面积统计

（1）在 PIE-Basic 7.0 主菜单中单击【图像分类】→【分类后处理】→【分类统计】。在【输入文件】对话框中选择决策树分类后的图像，单击【确定】按钮，得到决策树分类统计结果，可以得到各个类别所占的比例和面积。

（2）得到 2020 年前郭县农作物面积，如表 2.1 所示。

表 2.1   分类精度和农作物面积对比

分类	水稻面积/m²	玉米面积/m²
决策树分类	1491755400	645948500

2.6.4 专题制图

前郭县土地利用专题图如图 2.20 所示。

图 2.20

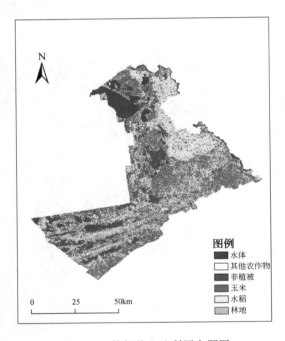

图 2.20   前郭县土地利用专题图

实验 3
基于智能计算的遥感影像分类

3.1 实验要求

将吉林省前郭县的土地利用类型分为玉米、水稻、林地、水域、建筑用地 5 类,完成下列分析:
(1) 提取遥感影像中农作物的纹理特征参数。
(2) 融合纹理特征与光谱特征,采用支持向量机方法提取农作物信息。
(3) 融合纹理特征与光谱特征,采用神经网络聚类方法提取农作物信息。
(4) 计算前郭县农作物种植面积。

3.2 实验目标

(1) 熟悉利用光谱特征和纹理特征进行地物分类的原理与方法。
(2) 掌握基于智能计算的遥感影像地物分类方法。

3.3 实验软件

软件:PIE-Basic 7.0。

3.4 实验区域与数据

3.4.1 实验数据

< qg >:2020 年 8 月的吉林省前郭县的哨兵 2 号影像数据。
< qgpoint >:2021 年 8 月的前郭县地物实测数据。
< qg.shp >:前郭县边界矢量数据。

3.4.2   实验区域

同实验 1。

3.5   实验原理

识别农作物主要是利用农作物独特的波谱反射特征,将农作物与其他地物区分开。遥感影像的纹理特征与光谱特征相结合能够提高分类的精度。其提取纹理特征的方法有很多种,常用的有空间自相关函数方法和灰度共生矩阵方法,其中灰度共生矩阵方法是最常见、应用最多的纹理特征统计方法。PIE-Basic 软件中提供协同性、反差性、非相似性、均值、方差、角二阶矩、相关性、熵、GLDV 角二阶矩、GLDV 均值、GLDV 反差 11 种纹理分析算子。

农作物图像具有明显的光谱反射特征,它不同于土壤、水域以及其他地物。智能算法能够精准处理图像,揭示地表动态变化和地物演变规律。基于遥感影像的土地利用分类方法有很多种,其中常用的有支持向量机(SVM)法和 K-Means 聚类算法。

1)支持向量机法

SVM 是一种二分类模型,它的基本模型是定义在特征空间上的间隔最大的线性分类器,间隔最大使它有别于感知机;SVM 还包括核技巧,这使它成为实质上的非线性分类器。SVM 的学习策略就是间隔最大化,可形式化为一个求解凸二次规划的问题,也等价于正则化的合页损失函数的最小化问题。SVM 的学习算法就是求解凸二次规划的最优化算法。

2)K-Means 聚类算法

K-Means 聚类算法是以距离作为相似度的评价指标,用样本点到类别中心的误差平方和作为聚类好坏的评价指标,通过迭代的方法使总体分类的误差平方和最小。

3.6   实验步骤

3.6.1   数据预处理

1. 波段合成

PIE-Basic 软件的波段合成功能主要用于将多幅图像合并为一个新的多波段图像。本实验选用的前郭县哨兵 2 号遥感影像由四景影像拼接而成,此处数据预处理以其中一景影像为例。

在 PIE-Basic 7.0 主菜单中单击【常用功能】→【图像运算】→【波段合成】。

在【文件选择】列表中选中所有参与合成的波段数据,【输出方式】选择"并集",并设置输出文件名称及路径,其他参数设置为系统默认参数,如图 3.1 所示。

所有参数设置完成后,单击【确定】按钮进行波段合成。四景影像波段合成后的影像如图 3.2 所示。

2. 图像拼接

在 PIE-Basic 7.0 中加载上一步得到的波段合成影

图 3.1   【波段合成】对话框

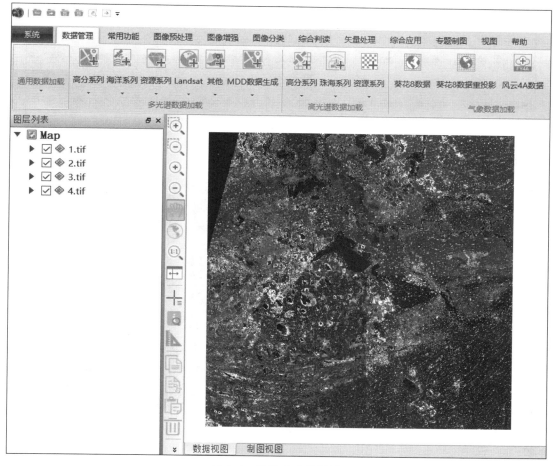

图 3.2　波段合成结果图

像,在 PIE-Basic 7.0 主菜单中单击【图像预处理】→【图像拼接】→【快速拼接】。

在【输入文件】列表中添加所有待拼接的图像,并设置输出文件的名称及路径,【设置无效值】设置为 0,如图 3.3 所示。

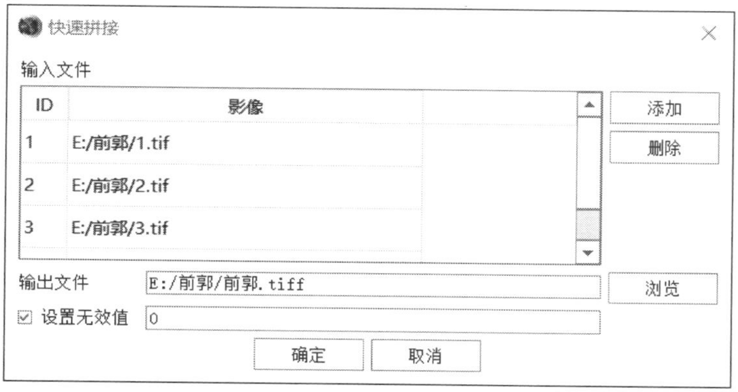

图 3.3　【快速拼接】对话框

所有参数设置完成后,单击【确定】按钮执行拼接操作,拼接后的影像如图 3.4 所示。

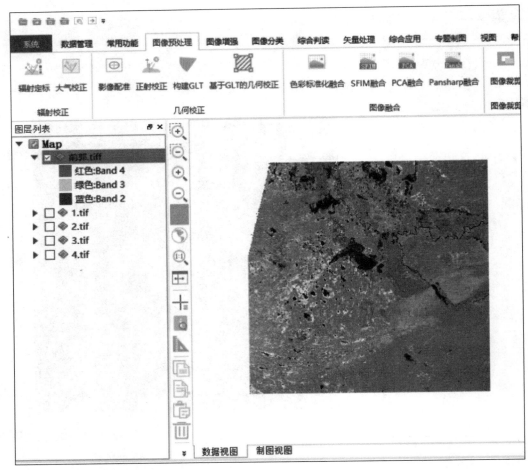

图 3.4　图像拼接结果图

3. 图像裁剪

在 PIE-Basic 7.0 中加载上一步得到的拼接影像以及前郭县矢量文件,在 PIE-Basic 7.0 主菜单中单击【图像预处理】→【图像裁剪】。

在弹出的【图像裁剪】对话框中,输入待裁剪的图像,【裁剪方式】选择矢量文件,【输出】下的【无效值】选项设置为 0.0,并设置输出文件的名称及路径,如图 3.5 所示。

所有参数设置完成后,单击【确定】按钮执行裁剪操作,裁剪后的影像如图 3.6 所示。

3.6.2　纹理特征提取

1. 主成分正变换

(1) 在 PIE-Basic 7.0 中加载经过预处理的 2020 年前郭县遥感影像。

(2) 在 PIE-Basic 7.0 主菜单中,单击【图像增强】→【主成分变换】→【主成分正变换】。

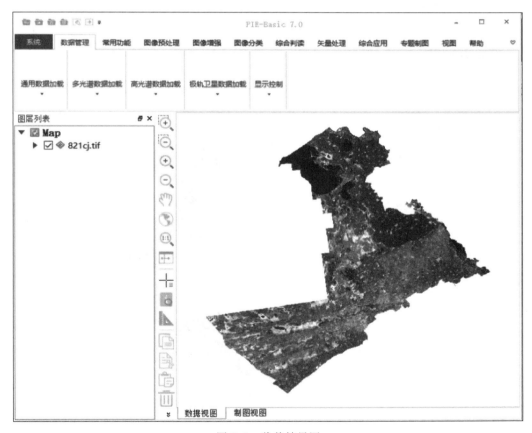

图 3.5　【图像裁剪】对话框

图 3.6

图 3.6　裁剪结果图

（3）【输入文件】选择"821cj"，【统计时使用】选择"协方差矩阵"，主成分波段根据特征值排序选择。选择输出路径和文件名，【输出数据类型】选择为"浮点型（32位）"，如图3.7所示。

图3.7 【主成分正变换】对话框

所有参数设置完成后，单击【确定】按钮执行分析，主成分正变换结果如图3.8所示。

图3.8

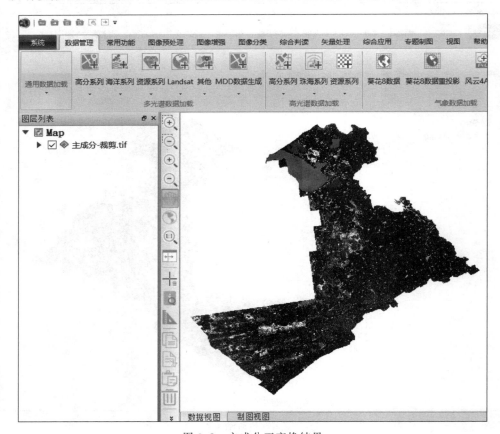

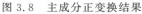
图3.8 主成分正变换结果

2. 提取纹理特征

（1）查阅相关文献以及资料可知，纹理特征中的熵（entropy）、方差（variance）有利于农作物与其他地物的区分，所以本实验选取熵、方差进行下一步分析。

（2）在 PIE-Basic 7.0 主菜单中，单击【图像增强】→【纹理分析】。

（3）【输入文件】选择经过主成分正变换后的图像，选择全部波段，【分析算子】分别设置为"熵""方差"，其他参数为默认数值，选择输出文件路径和文件名，如图 3.9 所示。

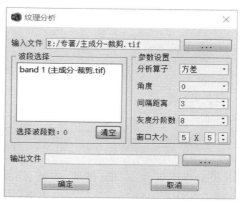

图 3.9 【纹理分析】对话框

单击【确定】按钮执行分析，并将提取的两个纹理特征显示在主图像窗口上，如图 3.10 所示。

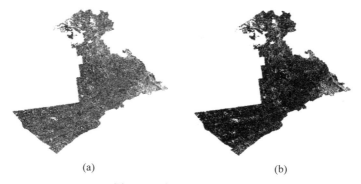

(a)　　　　　　　　　　　　　　(b)

图 3.10 提取的纹理特征

(a) 熵；(b) 方差

（4）将得到的纹理特征与影像光谱特征融合，生成叠加图像。在 PIE-Basic 7.0 主菜单中单击【常用功能】→【图像运算】→【波段合成】。在弹出的【波段合成】对话框中选择要输入的文件和输出路径及名称，【输出方式】选择"并集"，包含全部影像的范围。最后单击【确定】按钮，如图 3.11 所示。

3.6.3 农作物信息提取

1. 样本选择

（1）样本的选择：首先加载上一步获取的图像，以波段 4、波段 3、波段 2 合成 RGB 显

图 3.11 【波段合成】对话框

示。本实验选取玉米、水稻、林地、水域、建筑用地 5 类样本。

(2) 在 PIE-Basic 7.0 主菜单中单击【图像分类】→【样本采集】→【ROI 工具】。

(3) 在【ROI 工具】对话框中,单击【增加】按钮,首先以多边形绘制玉米 ROI,设置颜色,按上述方法继续绘制水稻、林地、水域、建筑用地的 ROI,如图 3.12 所示。

图 3.12 ROI 绘制结果图

(4) 绘制完所有 ROI 后,单击【文件】,设置存储路径及名称,最后单击【确定】按钮。

2. 基于光谱信息和纹理信息的支持向量机分类

(1) 在 PIE-Basic 7.0 主窗口中加载融合后的图像,加载训练样本到图像中。

（2）在 PIE-Basic 7.0 主菜单中单击【图像分类】→【监督分类】→【SVM】，打开支持向量机对话框。

（3）输入文件为波段合成后的影像，波谱源选择 ROI 图层，ROI 选择所有，单击【确定】按钮，如图 3.13 所示。

（4）算法选择"支持向量机"，如图 3.14 所示。选择所有光谱，最后单击【应用】按钮。

图 3.13 【ROI 选择】对话框

图 3.14 【算法选择】对话框

（5）支持向量机参数设置如图 3.15 所示，设置输出文件路径及名称，单击【确定】按钮执行 SVM 分类，分类结果如图 3.16 所示。

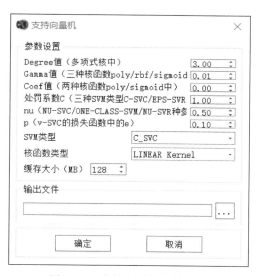

图 3.15 支持向量机参数设置

3. 基于光谱信息与纹理信息的 K-Means 分类

（1）在 PIE-Basic 7.0 主菜单中单击【图像分类】→【非监督分类】→【K-Means 分类】。

（2）在【输入文件】对话框中选择融合后的图像，设置参数和输出文件路径及名称，【预期类数】设置为 8，如图 3.17 所示。

（3）单击【确定】按钮执行操作，得到的分类结果如图 3.18 所示。

图 3.16

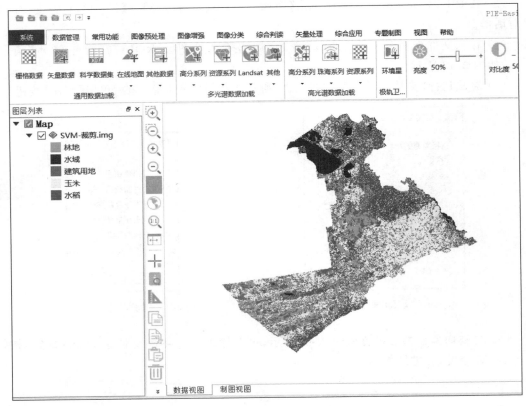

图 3.16　支持向量机分类结果图

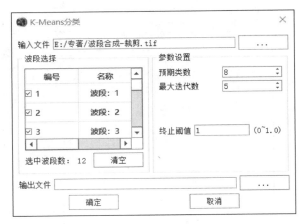

图 3.17　【K-Means 分类】对话框

（4）辨认分类后的 8 个类别，将这 8 个类别归类到 5 类土地利用类型上，并修改名称及颜色，如图 3.19 所示。

（5）单击【图像分类】→【分类后处理】→【分类合并】。

（6）在【分类合并】对话框中，将相同的类别关系一一对应，并设置输出文件的路径及名称，如图 3.20 所示。

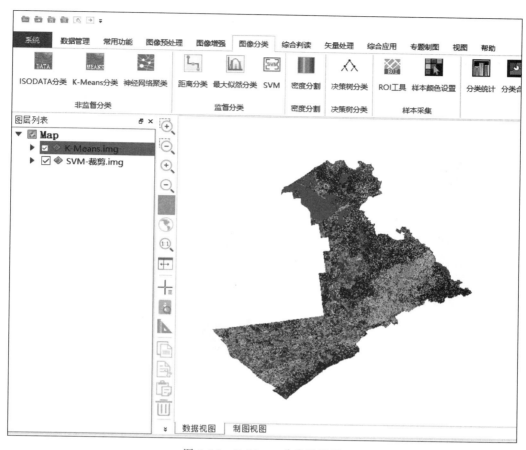

图 3.18　K-Means 分类结果图

图 3.19　土地利用归类

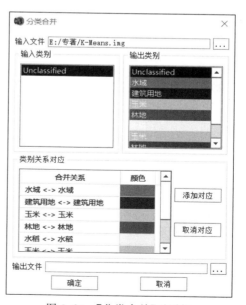

图 3.20　【分类合并】对话框

（7）合并后的影像如图 3.21 所示。

图 3.21

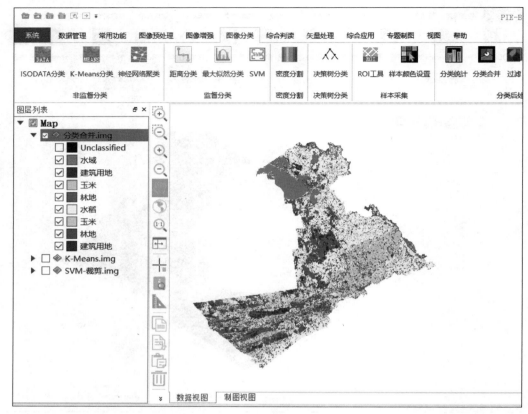

图 3.21　K-Means 分类合并结果图

3.6.4　农作物面积统计

（1）在 PIE-Basic 7.0 主菜单中单击【图像分类】→【分类后处理】→【分类统计】。在【输入文件】对话框中选择支持向量机分类后的图像，单击【确定】按钮，得到支持向量机分类统计结果，可以得到各个类别所占的比例和面积。

（2）重复上述操作，在【输入文件】中选择 K-Means 分类后的图像，得到各类别面积和比例统计结果。

（3）两种方法所得到的农作物面积对比见表 3.1。

表 3.1　分类精度和农作物面积对比

分　类	水稻面积/m^2	玉米面积/m^2
支持向量机分类	1242725500	2238513300
K-Means 分类	2133675800	1289835200

3.6.5　专题制图

2020 年前郭县土地利用专题图如图 3.22 所示。

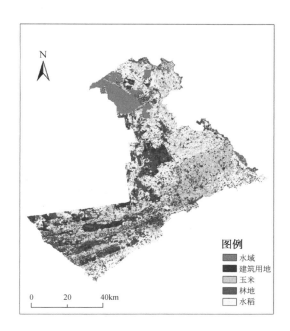

图 3.22　2020 年前郭县土地利用专题图

实验 4

面向对象的遥感影像分类

4.1 实验要求

根据 2020 年 8 月吉林省前郭县哨兵影像,完成下列分析:

(1) 运用面向对象分类的方法对区域 5 类地物进行遥感识别。

(2) 将实验区域分为水域、林地、建筑用地、玉米、水稻 5 类地物。

4.2 实验目标

(1) 掌握面向对象分类的原理和操作方法。

(2) 掌握农作物种植结构信息提取的一般思路与方法。

4.3 实验软件

软件:PIE-Basic 7.0、PIE-SIAS 7.0。

4.4 实验区域与数据

4.4.1 实验数据

< qg >:2020 年 8 月吉林省前郭县的哨兵影像数据(预处理过程见实验 3)。

< qgpoint >:2021 年 8 月的前郭县地物实测数据。

< qg.shp >前郭县边界矢量数据。

4.4.2 实验区域

同实验 1。

4.5 实验原理

受空间分辨率的制约,像元层次上的光谱信息提取已经成为过去,而高分辨率影像虽然结构、纹理等信息非常突出,但光谱信息不足。基于像元的分类,并未考虑影像的纹理和结构信息,会使分类的结果不准确,还会导致椒盐现象的产生以及由于信息冗余而产生的地物错分和漏分。

面向对象的分类方法是一种智能化的自动影像分析方法,它的分析单元不是单个像素,而是由若干个像素组成的像素群,即目标对象。目标对象比单个像素更具有实际意义,特征的定义和分类均是基于目标进行的。面向对象分类的过程主要分为两步,即影像的分割和分类器的构建。影像的多尺度分割是面向对象分类的基础,它在分割生成对象时压缩高分辨率影像,把高分辨率像元的信息保留到低分辨率的影像(分割后的影像)上,在影像信息损失最小的前提下将影像成功地分割成有意义的影像多边形。这种影像分割技术适合具有纹理信息的影像,例如合成孔径雷达(SAR)、高分辨率卫星影像或者航空数据,它适合根据特定的任务从影像数据中提取有意义的原始影像对象。

4.6 实验步骤

4.6.1 数据预处理

1. 波段合成

PIE-Basic 软件的波段合成功能主要用于将多幅图像合并为一个新的多波段图像。本实验所选用的前郭县哨兵 2 号遥感影像由四景影像拼接而成,此处以其中一景影像为例。

在 PIE-Basic 7.0 主菜单中单击【常用功能】→【图像运算】→【波段合成】。

在【文件选择】列表中选中所有参与合成的波段数据,【输出方式】选择"并集",并设置输出文件名称及路径,其他参数为系统默认参数,如图 4.1 所示。

所有参数设置完成后,单击【确定】按钮进行波段合成。四景影像波段合成后的影像如图 4.2 所示。

2. 图像拼接

在 PIE-Basic 7.0 中加载上一步得到的波段合成影像,在 PIE-Basic 7.0 主菜单中单击【图像预处理】→【图像拼接】→【快速拼接】。

在【输入文件】列表中添加所有待拼接的图像,并设置输出文件的名称及路径,【设置无效值】设置为 0,如图 4.3 所示。

所有参数设置完成后,单击【确定】按钮执行拼接操作,拼接后的影像如图 4.4 所示。

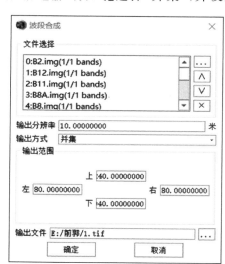

图 4.1 【波段合成】对话框

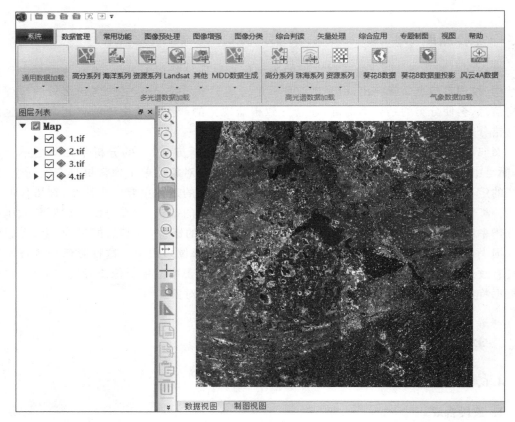

图 4.2　波段合成结果图

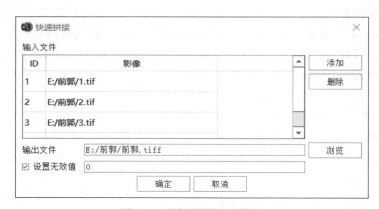

图 4.3　【快速拼接】对话框

3. 图像裁剪

在 PIE-Basic 7.0 中加载上一步得到的拼接影像以及前郭县矢量文件,在 PIE-Basic 7.0 主菜单中单击【图像预处理】→【图像裁剪】。

在弹出的【图像裁剪】对话框中,输入待裁剪的图像,【裁剪方式】选择矢量文件,【输出】下的【无效值】选项设置为 0.0,设置输出文件的名称及路径,如图 4.5 所示。

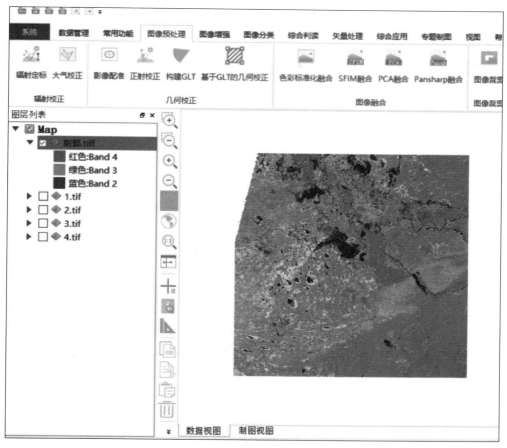

图 4.4　图像拼接结果图

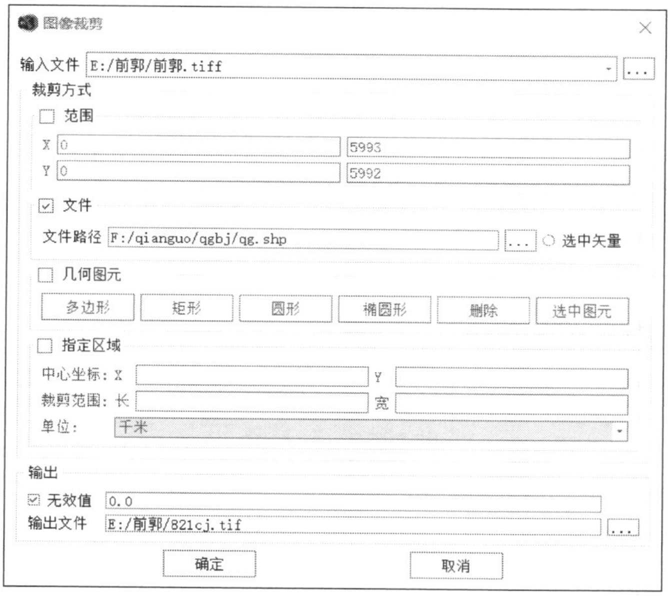

图 4.5　【图像裁剪】对话框

所有参数设置完成后,单击【确定】按钮执行裁剪操作,裁剪后的影像如图 4.6 所示。

图 4.6　裁剪结果图

4.6.2　创建多尺度分割向导

1. 新建工程

(1) 在 PIE-SIAS 7.0 主菜单中单击【系统】→【新建工程】。

(2) 打开【创建多尺度分割向导】对话框,如图 4.7 所示。在【工程名称】中输入"前郭县",单击【输入文件】右侧【浏览】按钮,选择输入的数据源"821cj",单击【输出文件夹】右侧【浏览】按钮,设置输出路径,单击【下一步】按钮。

图 4.7　新建工程

2. 初始化参数设置

PIE 给出了 3 种分割算法,分别是分水岭算法、最优邻分割算法、图论分割算法。

(1) 分水岭算法:把梯度图像中的所有像素按照灰度值进行分类,并设定一个测地距离阈值;找到灰度值最小的像素点(默认标记为灰度值最低点),让阈值从最小值开始增长,这些点为起始点;水平面在增长的过程中,会碰到周围的邻域像素,测量这些像素到起始点(灰度值最低点)的测地距离,如果小于设定阈值,则将这些像素淹没,否则在这些像素上设置大坝,这样就对这些邻域像素进行了分类;随着水平面越来越高,会设置更多更高的大坝,直到灰度值最大,所有区域都在分水岭线上相遇,这些大坝就对整个图像像素进行了分区。

(2) 最优邻分割算法:首先需要定义图像中每个像素的邻域。邻域可以是基于像素之间的距离或相似性度量的区域。通常,一个像素的邻域是与之相邻的一组像素。对于每个像素及其邻域,需要定义一个相似性度量,该度量可以衡量像素之间的相似性。这可以是灰度值的差异、颜色信息、纹理特征等,相似性度量的选择取决于图像的性质和应用的需求,通过比较相邻像素及其邻域的相似性度量,选择最佳的邻域。这可能涉及最小化或最大化相似性度量的目标函数。例如,选择使得相邻像素之间差异最小的邻域,或者选择使得邻域内像素具有最大相似性的邻域。一旦选择了最优邻域,下一步就可以根据这些信息对图像进行分割决策,这可能包括将图像分割成不同的区域或对象,并为每个区域分配一个标签。一些算法可能涉及迭代过程或优化步骤,以不断改进分割结果。这可以包括在多个尺度上进行分割,或者通过考虑全局上下文信息来调整局部的最优邻域选择。

(3) 图论分割算法:图论分割是一种基于图论的图像分割方法,通常使用图像中像素之间的相似度来构建一个图,然后使用图论算法将图像分割成多个区域。这种方法假设图像中相似的像素应该被分配到同一个区域中,其基本过程如下:将图像中的像素作为图的节点,节点之间的边表示它们之间的相似度;将图像分割成多个区域,每个区域包含相似的像素;选择对分割结果进行后处理,如去除小区域、合并相邻区域等,以得到更好的分割结果。

可根据需要选择对应的分割算法,均可实现对影像的有效分割,本节选择图论分割算法,如图 4.8 所示,设置【图像背景值】为 0.000,完成后单击【下一步】按钮,打开【区域合并参数】对话框。

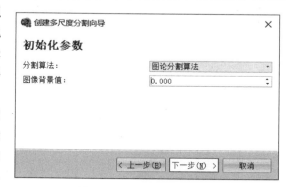

图 4.8　设置【初始化参数】

3. 设置区域合并参数

(1)【合并规则】:其中包含了 Baatz-Schape、Full-Lambda、Color-Histogram、Baatz-Schape-LBP、Color-Texture 5 种方式,这里默认选择 Baatz-Schape。

(2)【形状因子权重】:设置为 0.30。形状异质性通过表征对象形状特征的紧致度和平滑度来描述,紧致度和平滑度分别是用来描述对象的紧凑程度与对象边界的平滑程度,两者的加权之和为形状因子,值越大分割形状越紧凑,通常应设置为 0.50 以下。

（3）【边界强度】：默认设置为 0.50。

（4）【紧致度权重】：设置为 0.10。紧致度是描述对象的紧凑程度，应该根据地物的形状特征进行设置，值越大分割越紧凑。

（5）【合并尺寸】：默认设置为 100.00。

如图 4.9 所示，单击【完成】按钮，工程创建完毕。

图 4.9　设置【区域合并参数】

4.6.3　图像分割

（1）单击【分类提取】→【影像分割】，弹出【尺度集分割】对话框，可对分割参数再次设置，由于前面已经设置过，这里修改【分割算法】为"图论分割算法"，其余保持不变，设置参数如图 4.10 所示，单击【确定】按钮，执行分割操作。

（2）注意，右下角可在分割前调节图像分割时的分割尺度，如图 4.11 所示。

图 4.10　【尺度集分割】参数设置

图 4.11　分割尺度调节

（3）不同分割尺度下，地物被归类的大小不一，尺度过大时，无法对事物有效分类；尺度过小时，地物过于破碎，如图 4.12 所示，图 4.12(a)、(b)分别是尺度为 70 和 80 的分割情况。可通过调节分割尺度，通过目视观察和专家经验知识确定分割的最优尺度，实现地物的分割。

(a)　　　　　　(b)

图 4.12　尺度参数

4.6.4　分类预处理

1. 新建类别

（1）在主菜单中单击【显示控制】，在打开的子菜单中选择【拉伸方式】为"2%线性拉伸"，如图 4.13 所示，用来增强图像中的对比度，以便更容易查看图像中的细节。

（2）在【分类提取】模块下单击【样本选择】，弹出【样本】对话框，单击对话框下方的【+】按钮，在【样本】对话框中新建类。

（3）双击新建的类，打开【样本修改】对话框，即可编辑类的颜色和名称。

图 4.13　【拉伸方式】对话框

在【名称】框中输入"水域"，【颜色】选定蓝色，单击【确定】按钮则可添加水体类别，如图 4.14 所示。用同样的方法添加玉米、水稻、建筑用地、林地，图 4.15 所示为添加后 5 类地物的类别层次。

图 4.14　【分类修改】对话框

图 4.15　【样本】对话框

2. 样本选择

（1）右击图层"821cj"，单击【属性】→【图层属性】→【栅格渲染】→【RGB合成】，将红色赋予第4波段，绿色赋予第3波段，蓝色赋予第2波段，单击【确定】按钮即可将影像真彩色显示，如图4.16(a)所示。

（2）将红色赋予第8波段，绿色赋予第3波段，蓝色赋予第2波段，将影像假彩色显示，能够突出植被的纹理信息，从而更好地选择农作物样本，如图4.16(b)所示。真、假彩色显示效果如图4.17所示。

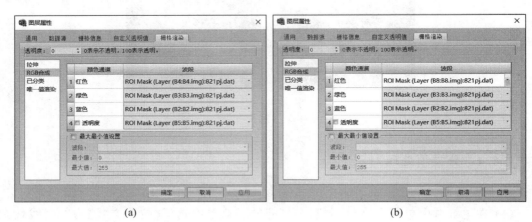

(a)　　　　　　　　　　　(b)

图4.16　波段合成

(a)真彩色波段合成；(b)假彩色波段合成

图4.17

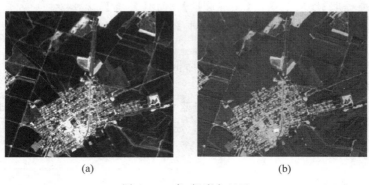

(a)　　　　　　　　　　　(b)

图4.17　真、假彩色显示

(a)真彩色显示；(b)假彩色显示

（3）单击【样本】→【水域】，在影像上通过调整分割尺度，在分割的影像上双击相应的区域，选择水域的样本，在【样本】对话框中会显示选中水域样本的数量，在下方会显示不同ID和尺度下的水域样本，如图4.18所示。

（4）在影像中划分为玉米、水稻、建筑用地、林地4个类别，参照水域样本的选择步骤，选择剩余的样本。注意，在选择样本时通过改变分割尺度，选择纯净的对象图斑，尽可能地防止地物错分和漏分，样本选择结果如图4.19所示。

图 4.18

图 4.18　水域样本选择结果

图 4.19

图 4.19　样本选择结果

4.6.5　农作物信息提取

在【分类提取】下单击【影像分类】,弹出【分类向导】对话框,【选择模型方法】对话框用默认选项,单击【下一步】按钮,如图 4.20 所示。

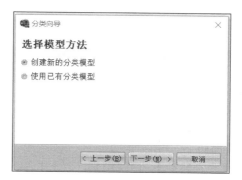

图 4.20　【选择模型方法】对话框

【选择分类要素】中有"光谱""纹理""形状""指数",使用默认选项即可,单击【下一步】按钮,如图4.21所示。

【选择分类算法】中包括 SVM、KNN、CART、RF、Bayesian 5 种分类算法,根据实际情况,本节选择"K 近邻(KNN)"算法,参数值默认为3,如图4.22所示。

图 4.21 【选择分类要素】对话框

图 4.22 【选择分类算法】对话框

单击【完成】按钮,执行分类操作,分类结果如图4.23所示。

图 4.23

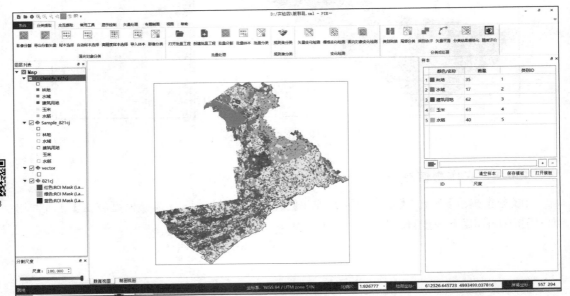

图 4.23 分类结果显示

4.6.6 分类后处理

分类后进行类别转换过程如下。

(1)单击【分类提取】→【类别转换】,打开【类别转换】对话框,如图4.24所示,类别转换工具能够将错分地物转换成目标地物,防止地物错分。

（2）以水域为例,具体操作为:单击【类别转换】对话框中的"水域",在影像上单击要转换成水域的地物,该地物即转换成水域,其余类别同理,最后单击【保存】按钮,如图4.25所示;【框选类型】包含"矩形框选"和"多边形框选",选中后可在影像上批量选择想要转换的图斑,若大范围类别需要转换可再次选择错分样本,执行前面分类的操作。

图4.24　【类别转换】对话框

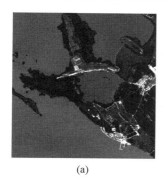 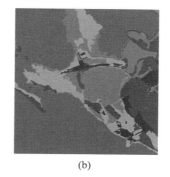 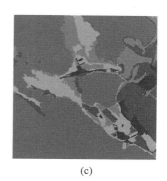

(a) (b) (c)

图4.25　局部类别转换对比图

（a）原始影像；（b）分类后的影像；（c）类别转换后的影像

4.6.7　专题制图

前郭县农作物信息提取图如图4.26所示。

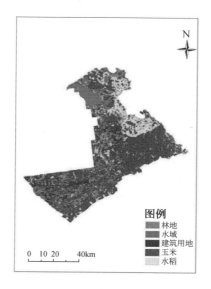

图4.26　前郭县农作物信息提取图

图4.26

植被遥感

实验 5
植被覆盖度遥感监测

5.1　实验要求

根据实验区域的 Landsat 影像数据，完成下列分析。

（1）计算归一化植被指数。

（2）运用像元二分法计算植被覆盖度。

（3）制作植被覆盖度变化专题图。

5.2　实验目标

（1）学习和掌握 Landsat 影像数据的处理和分析方法。

（2）了解和运用 NDVI 进行植被覆盖度监测。

（3）熟练使用 PIE-Basic 软件，完成实验分析任务。

5.3　实验软件

软件：PIE-Basic 7.0。

5.4　实验区域与数据

5.4.1　实验数据

＜Y2009＞：2009 年永兴县 Landsat 5 ETM＋多光谱影像数据。

＜Y2014＞：2014 年永兴县 Landsat 8 ETM＋多光谱影像数据。

＜Y2019＞：2019 年永兴县 Landsat 8 ETM＋多光谱影像数据。

＜YX. shp＞：永兴县边界矢量数据。

5.4.2　实验区域

永兴县地处湖南省东南部、郴州地区北陲，地域狭长形似蚕，东西长 90km，南北宽 10.8～56km，如图 5.1 所示。全县土地总面积为 1979.4km², 占湖南省土地总面积的 0.93％。全县地貌似蚕形，东部多山，西部以丘陵为主。东部为罗霄山脉余脉，自七甲乡入境，走向龙形市、大布江，形成以中山为主的山地地貌；东南部为罗霄山八面山余脉，自鲤鱼塘镇原千冲乡入境，向北延伸，横跨县境中东部，插入茶永盆地，形成以中低山、高丘为主的组合型地貌；北部为罗霄山脉武功山余脉南翼，自樟树镇入境，呈斜带状绵延于中西部，与茶永盆地相衔接；西部为南岭山脉阳明山余脉东端，自原三塘乡入境，呈东南梯降，于中部与茶永盆地过渡带交接。山地占全县面积的 28.6％，海拔 300～800m；丘陵、岗地占全县面积的 53.36％，海拔 500m 以下；河谷平地占全县面积的 14.99％。

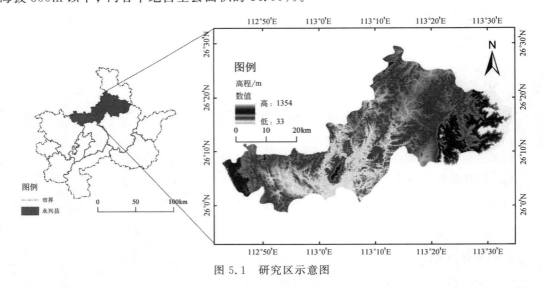

图 5.1　研究区示意图

永兴县属中亚热带大陆性湿润季风气候。境内热量丰富，光照充足，雨量充沛，四季分明。小盆地冷热气候变化明显，山丘气候类型多样。年平均气温 17.6℃，年平均日照 1625.2h，日照率 37.0％。全年无霜期 307 天。年平均降雨量 1417.0mm，最大达 1986.8mm，最小达 915.9mm。光、热条件配合基本同季。

5.5　实验原理

植被覆盖度以像元二分模型为基础，利用纯净植被像元和纯净土壤像元的 NDVI 计算获得。纯净土壤像元的 NDVI 值最低，纯净植被像元的 NDVI 值最高，像元的 NDVI 值与植被覆盖度呈线性相关。利用像元二分模型进行植被覆盖度反演的方法，公式如下：

$$FVC = \frac{NDVI - NDVI_S}{NDVI_V - NDVI_S}$$

式中：FVC 为某像元的植被覆盖度；$NDVI_S$ 为纯净土壤像元的 NDVI 值；$NDVI_V$ 为纯净

植被像元的 NDVI 值。

　　植被覆盖图操作流程如图 5.2 所示。

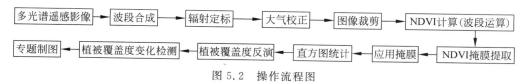

图 5.2　操作流程图

5.6　实验步骤

5.6.1　波段合成

　　在 PIE-Basic 7.0 主菜单中单击【图像运算】→【波段合成】,将 2019 年永兴县数据的波段加入【文件选择】中,设置储存路径,单击【确定】按钮,如图 5.3、图 5.4 所示。

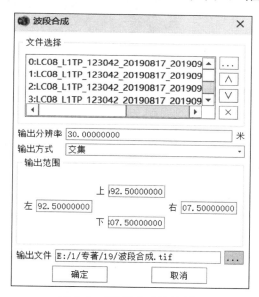

图 5.3　【波段合成】对话框

5.6.2　辐射定标

　　单击【图像预处理】→【辐射定标】,打开【辐射定标】对话框。【输入文件】为波段合成结果,【定标类型】为"表观辐射亮度",设置储存路径,单击【确定】按钮,如图 5.5 所示。

5.6.3　大气校正

　　单击【图像预处理】→【大气校正】,打开【大气校正】对话框。输入【数据类型】为"表观辐射亮度",【输入文件】为辐射定标结果,设置储存路径,结果如图 5.6 所示。

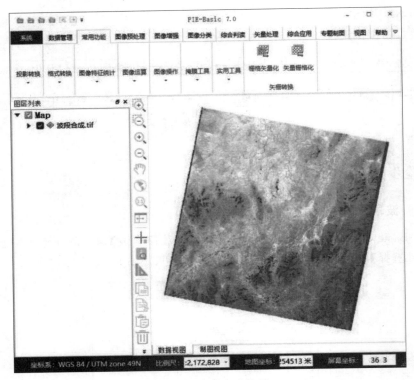

图 5.4　波段合成结果

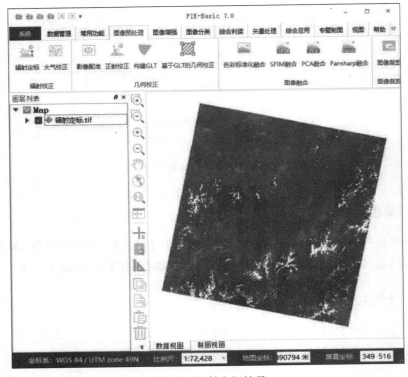

图 5.5　辐射定标结果

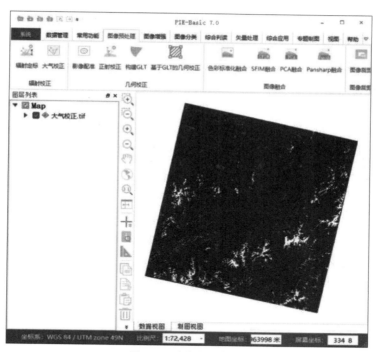

图 5.6　大气校正结果

5.6.4　图像裁剪

单击【图像预处理】→【图像裁剪】,弹出【图像裁剪】对话框,【输入文件】为波段合成结果,【裁剪方式】选择"文件",【输出】选择"无效值",设置储存路径,单击【确定】按钮,结果如图 5.7 所示。

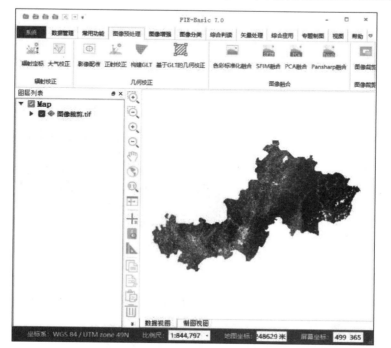

图 5.7　图像裁剪结果

5.6.5 NDVI 计算

单击【基础工具】→【图像运算】→【波段运算】,弹出【波段运算】对话框,在【表达式】中输入 NDVI 计算公式"(b1－b2)/(b1＋b2)",单击【加入列表】将表达式加入列表中,单击【确定】按钮。在弹出的窗口为 b1 和 b2 选择波段,设置存储路径,单击【确定】按钮,结果如图 5.8 所示,NDVI 计算结果如图 5.9 所示。

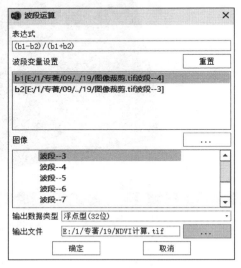

图 5.8 【波段变量设置】对话框

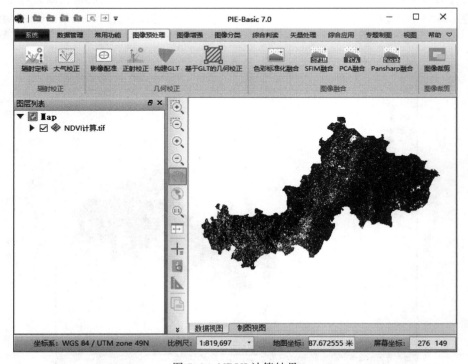

图 5.9 NDVI 计算结果

5.6.6　NDVI 掩膜提取

单击【基础工具】→【图像运算】→【波段运算】,弹出【波段运算】对话框,在【输入表达式】中输入"b1>0",如图 5.10 所示,单击【确定】按钮。以 2019 年影像为例,给变量 b1 赋予其 NDVI 计算结果的波段 1。设置输出文件的保存路径及文件名称,如图 5.10、图 5.11 所示。

图 5.10　【波段运算】对话框

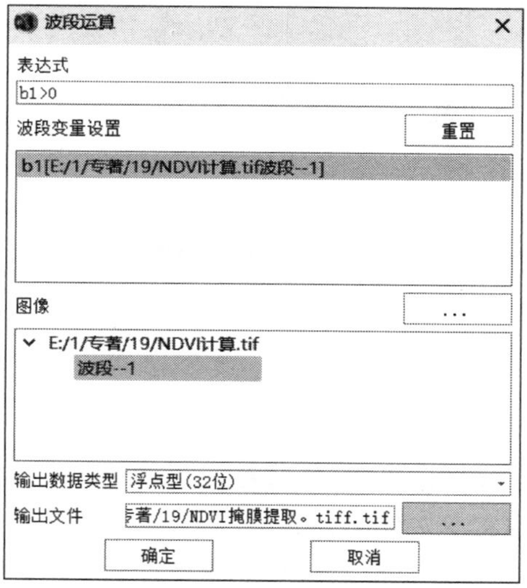

图 5.11　给变量 b1 赋予波段的对话框

5.6.7 应用掩膜

单击【常用功能】→【掩膜工具】→【应用掩膜】,弹出【应用掩膜】对话框,将"NDVI 计算.tif"输入,【掩膜文件】选择"NDVI 掩膜提取。tiff.tif"文件,设置【掩膜值】为 0,设置输出路径及文件名称,如图 5.12 所示,单击【确定】按钮。应用掩膜结果见图 5.13。

图 5.12 【应用掩膜】对话框

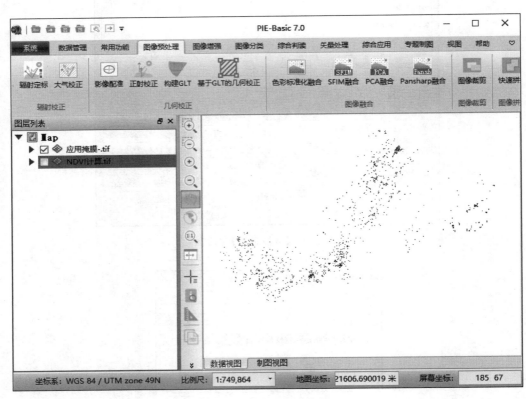

图 5.13

图 5.13 应用掩膜结果

5.6.8 直方图统计

单击【符号化显示】,弹出【数据报告窗口】对话框,如图 5.14 所示。单击【保存到文件】按钮可以将统计结果保存到文本文件中。

单击【基础工具】→【图像统计特征】→【直方图统计】,弹出【直方图统计】对话框,在【文件选择】中选"应用掩膜.tif"文件,不勾选【统计为 0 的背景值】,设置【采样比例】为 100%,

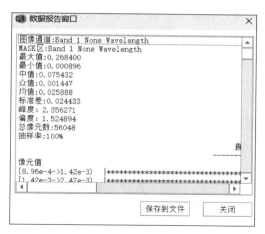

图 5.14 【数据报告窗口】对话框

单击【应用】按钮进行直方图统计,以 2019 年影像为例,结果如图 5.15 所示。

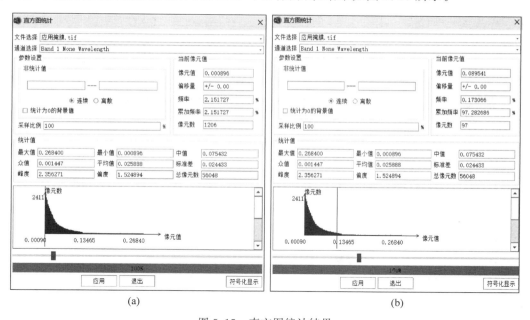

图 5.15 直方图统计结果

(a) 纯净土壤像元 NDVI 值;(b) 纯净植被像元 NDVI 值

根据直方图统计的结果计算累计直方图,累计直方图达到 3% 时的 NDVI 值为纯净土壤像元的 NDVI 值,累计直方图达到 97% 时的 NDVI 值为纯净植被像元的 NDVI 值。以图 5.15 所示的 2019 年影像直方图统计结果为例,得到纯净土壤像元的 NDVI 值为 0.000896,得到纯净植被像元的 NDVI 值为 0.089541,如图 5.15 所示。

5.6.9 植被覆盖度反演

单击【基础工具】→【图像运算】→【波段运算】,弹出【波段运算】对话框,在【表达式】中输入"(b1-0.0009)/(0.0895-0.0009)",单击【确定】按钮。以 2019 年影像为例,给 b1 赋

予 NDVI 计算的掩膜结果,设置数据输出类型,设置文件输出路径及文件名称,单击【确定】
按钮完成 FVC 计算,如图 5.16 所示。2019 年影像 FVC 计算结果如图 5.17 所示。

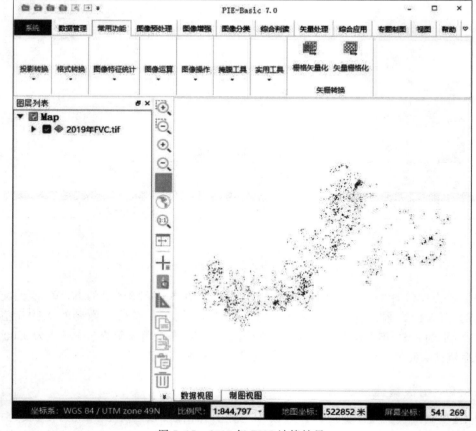

图 5.16　给变量 b1 赋予相应波段

图 5.17

图 5.17　2019 年 FVC 计算结果

5.6.10　植被覆盖度变化监测

（1）单击【基础工具】→【图像运算】→【波段运算】，弹出【波段运算】对话框，在【输入表达式】中输入"b1－b2"，如图 5.18 所示。

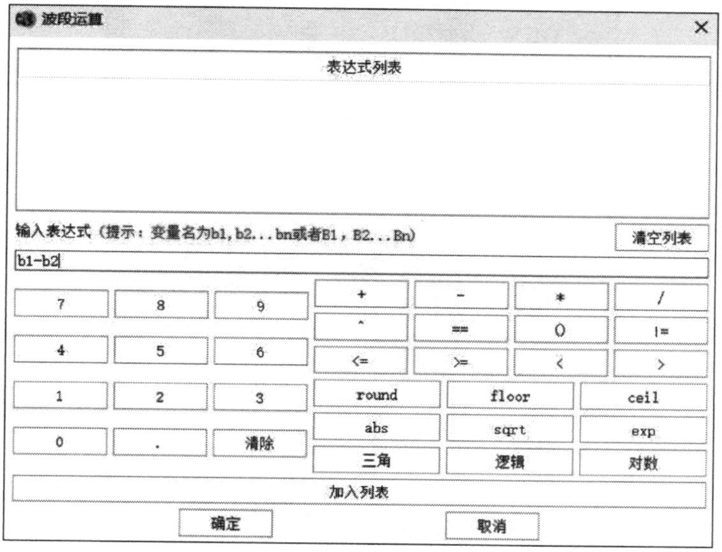

图 5.18　【波段运算】对话框

（2）单击【确定】按钮，给 b1 赋予 2009 年影像的 FVC 计算结果，给 b2 赋予 2014 年影像的 FVC 计算结果，设置输出数据类型，以及输出文件保存路径和文件名称，单击【确定】按钮，如图 5.19 所示。图 5.20 为 2009—2014 年 FVC 计算结果。

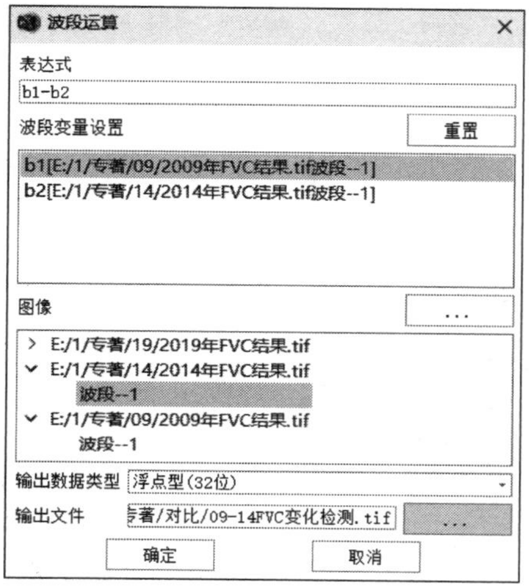

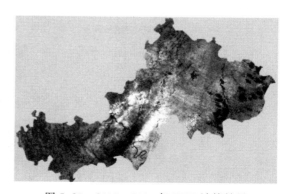

图 5.19　波段赋值　　　　　　　　　　　图 5.20　2009—2014 年 FVC 计算结果

由上述同理可得 2009—2019 年 FVC 计算结果（图 5.21）和 2014—2019 年 FVC 计算结果（图 5.22）。

图 5.21 2009—2019 年 FVC 计算结果

图 5.22 2014—2019 年 FVC 计算结果

5.6.11 专题制图

分别将 2009—2019 年、2009—2014 年和 2014—2019 年 FVC 计算结果进行可视化处理,并制成 2009—2019 年植被覆盖度变化监测专题图(图 5.23)、2009—2014 年植被覆盖度变化监测专题图(图 5.24)和 2014—2019 年植被覆盖度变化监测专题图(图 5.25)。

图 5.23

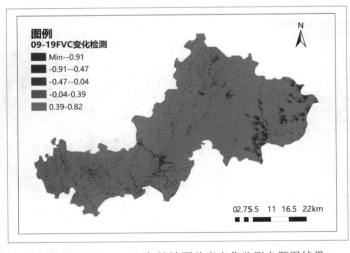

图 5.23 2009—2019 年植被覆盖度变化监测专题图结果

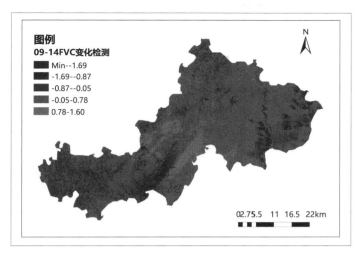

图 5.24

图 5.24 2009—2014 年植被覆盖度变化监测专题图结果

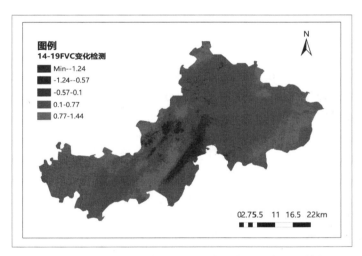

图 5.25

图 5.25 2014—2019 年植被覆盖度变化监测专题图结果

实验 **6**

植被叶片叶绿素反演

6.1　实验要求

根据 2022 年 9 月吉林省双辽市的哨兵 2 号影像,基于叶绿素反演模型,完成下列分析:

(1) 应用遥感处理软件进行波谱的差异性分析。

(2) 建立叶绿素反演模型。

(3) 综合利用遥感图像处理方法进行叶绿素反演。

6.2　实验目标

(1) 掌握统计分析、波段运算等相关操作。

(2) 掌握利用叶绿素反演模型进行叶绿素反演的思路与方法。

6.3　实验软件

软件:PIE-Basic 7.0。

6.4　实验区域与数据

6.4.1　实验数据

<SL>:2022 年 9 月 25 日吉林省双辽市的哨兵 2 号影像数据。

<SL.shp>:吉林省双辽市矢量数据。

6.4.2　实验区域

双辽市,吉林省辖县级市,由四平市代管,位于吉林省西南部,毗邻辽宁东北部和内蒙古东部,处在科尔沁草原的边缘。其位于吉林、内蒙古、辽宁三省区的交界处,也就是东、西辽河的汇流区,属于松辽平原与科尔沁草原的接壤带,如图6.1所示。地理位置上的特殊性赋予了双辽市"鸡鸣闻三省"之美誉。双辽市全年热量充足,光照充沛,降水量偏少,辖区面积3121.2km²。双辽市属温带大陆性季风气候,春季气温回暖迅速,多大风风沙天气,干旱少雨;夏季热且短促,一年降水多集中于此季;秋季短暂凉爽,气候宜人;冬季漫长且严寒。第四系沉积物覆盖全区。地貌成因类型均为堆积地形,市内总地势是东高西低,北岗南洼,海拔106~214m。南部地势较平坦,北部多沙丘岗地。

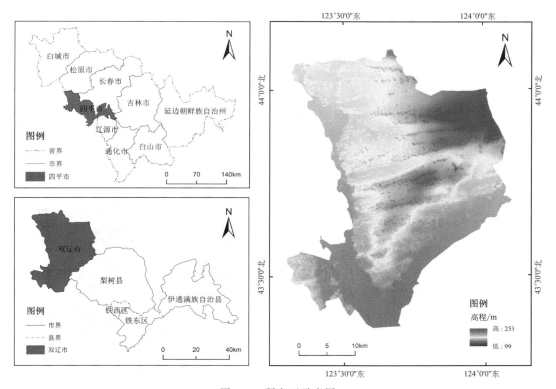

图6.1　研究区示意图

6.5　实验原理

叶绿素反演指的是通过遥感图像分析获取地表叶绿素含量的过程。在使用 PIE-Basic 7.0 进行植被叶片叶绿素提取时,首先需要进行的是遥感影像的预处理,包括辐射校正(确定传感器接收到的辐射值与真实反射率之间的关系)和大气校正(消除大气影响,获取地表真实反射率)。这一步骤是为了确保遥感数据的准确性,从而提高叶绿素提取的精度。应选择恰当的指数模型进行叶绿素浓度反演,例如:可以通过计算植被指数(如 NDVI)来提取植被信息。NDVI 是根据植被对红外光和可见光的反射特性而提出的,通常植被在近红外波段有较高的反射率,而在可见光红波段有较低的反射率,因此 NDVI 值较高。利用这一特性,通过计算 NDVI 值即可识别和提取植被信息。

6.6 实验步骤

6.6.1 基于 RVI 模型反演

1. 波段合成

（1）在 PIE-Basic 7.0 主菜单中加载 2022 年双辽市影像数据。

（2）在 PIE-Basic 7.0 主菜单中单击【常用功能】→【波段合成】。

（3）打开【波段合成】对话框，输入文件选择 20m 分辨率的波段 4、波段 6，【输出分辨率】默认设置为 20.00000000 米，【输出方式】默认设置为"交集"，如图 6.2 所示，设置输出路径，单击【确定】按钮执行波段合成操作。

（4）波段合成结果如图 6.3 所示。

图 6.2 【波段合成】对话框　　　　　图 6.3 波段合成结果

2. 建立 RVI 反演模型

RVI 是关于叶绿素浓度的遥感反演指标，是近红外波段和红光波段的反射率比值。其表达式为

$$RVI = \frac{NIR}{Red} \tag{6.1}$$

式中：NIR 为近红外波段地表反射率；Red 为红波段地表反射率。

（1）在 PIE-Basic 7.0 主菜单中单击【常用功能】→【波段运算】。

（2）打开【波段运算】对话框，输入波段运算表达式"B6/B4"，单击【确定】按钮。（图 6.4）

（3）在【波段变量设置】中，b4、b6 分别对应波段 4、波段 6，【输出数据类型】选择默认的"浮点型（32 位）"，设置输出路径，单击【确定】按钮执行波段运算操作。（图 6.5）

（4）波段运算结果如图 6.6 所示。

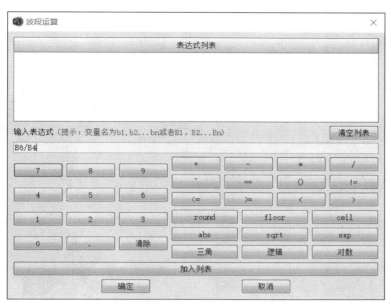

图 6.4　【波段运算】对话框

图 6.5　【波段变量设置】对话框

图 6.6　波段运算结果

3. 图像裁剪

（1）在 PIE-Basic 7.0 主菜单中单击【图像预处理】→【图像裁剪】。

（2）打开【图像裁剪】对话框，【输入文件】框中为波段运算之后的文件，【裁剪方式】勾选"文件"，添加的矢量文件为双辽市矢量数据，设置输出路径，如图 6.7 所示，单击【确定】按钮执行图像裁剪操作。

（3）图像裁剪结果如图 6.8 所示。

图 6.7 【图像裁剪】对话框

图 6.8 双辽市影像图

4. 图像输出

（1）右击图层，选择【属性】，打开【图层属性】对话框。单击【栅格渲染】，选择合适的颜色带。（图 6.9）

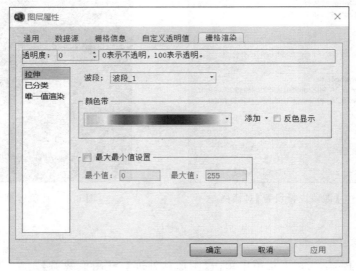

图 6.9 【图层属性】对话框

（2）在视图区域选择【制图视图】，在主菜单中，单击【专题制图】，依次添加指北针、比例尺、图例、格网，并进行适当调整。（图 6.10）

（3）在主菜单中单击【专题制图】→【导出地图】，设置输出路径，单击【确定】按钮输出地图。（图 6.11）

图 6.10　【专题制图】工具栏

（4）叶绿素反演结果如图 6.12 所示。

图 6.12

图 6.11　【导出地图】对话框

图 6.12　叶绿素浓度分布反演图

6.6.2　基于 NDVI 模型反演

1. 波段合成

波段合成过程同 6.6.1 节的波段合成部分，合成 20m 分辨率的波段 4、波段 7，结果如图 6.13 所示。

2. 建立 NDVI 反演模型

NDVI 反演模型是通过测量近红外（植被强烈反射）和红光（植被吸收）之间的差异来量化植被。本次研究使用修正的标准化指数 $NDVI_{670}$，670nm 处反射率随叶绿素变化迅速饱和。该模型的表达式为

图 6.13 波段合成结果

$$\mathrm{NDVI}_{670} = (R_{800} - R_{670})/(R_{800} + R_{670}) \qquad (6.2)$$

注：哨兵 2 号数据，波段 7、波段 4 中心波长分别为 783nm、665nm。本实验采用波段 7、波段 4 分别代替 R_{800}、R_{670}。

（1）在 PIE-Basic 7.0 主菜单中单击【常用功能】→【波段运算】。

（2）打开【波段运算】对话框，输入波段运算表达式"(B7－B4)/(B7＋B4)"，如图 6.14 所示，单击【确定】按钮执行波段运算操作。

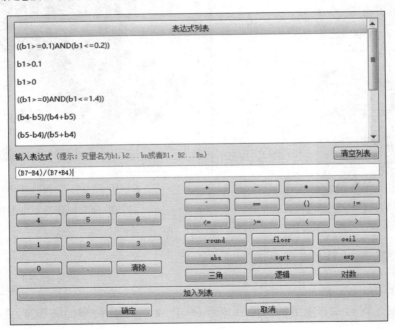

图 6.14 【波段运算】对话框

（3）波段运算结果如图 6.15 所示。

3. 图像裁剪

（1）图像裁剪过程同 6.6.1 节的图像裁剪部分，结果如图 6.16 所示。

图 6.15　波段运算结果

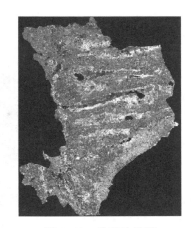

图 6.16　裁剪结果图

（2）在 PIE-Basic 7.0 主菜单中单击【数据管理】→【透明值】。打开【自定义透明度】对话框，单击【添加】按钮，添加默认值，如图 6.17 所示，单击【确定】按钮执行添加透明值操作。

（3）结果如图 6.18 所示。

图 6.17　【自定义透明度】对话框

图 6.18　双辽市影像图

4. 图像输出

（1）图像输出过程同 6.6.1 节的图像输出部分。

（2）叶绿素浓度分布反演结果如图 6.19 所示。

图 6.19

图 6.19　叶绿素浓度分布反演图

实验 7

叶面积指数监测

7.1 实验要求

依据内蒙古自治区根河市的 GF-1WFV 卫星遥感影像数据,采用经验模型法实现区域叶面积指数监测,完成下列分析。

(1) 利用 GF-1WFV 卫星遥感影像数据完成遥感影像基本预处理。

(2) 选用 NDVI 作为植被指数,提取 NDVI,运用波段运算剔除异常值。

(3) 采用经验方法建立 NDVI-LAI 回归模型(一元线性模型)进行叶面积指数(LAI)反演计算。

7.2 实验目标

(1) 熟悉经验模型反演 LAI 的原理与方法。

(2) 掌握基于多光谱影像数据的 LAI 反演流程。

7.3 实验软件

软件:PIE-Hyp 7.0。

7.4 实验区域与数据

7.4.1 实验数据

<NMG>:<GF1_WFV2_E121.4_N50.9_20200412_L1A0004734034>:2020 年 4 月 12 日内蒙古自治区根河市的 GF-1WFV(高分一号宽幅相机)多光谱遥感影像数据。<GF1_

WFV2_E122.0_N52.3_20200412_L1A0004734033＞：2020 年 4 月 12 日内蒙古自治区根河市的 GF-1WFV 多光谱遥感影像数据。

<根河市 DEM＞：根河市数字高程模型数据。

<根河市. shp＞：根河市行政区划范围数据。

7.4.2　实验区域

根河市地处内蒙古自治区呼伦贝尔市东北部、大兴安岭北段西坡，地理坐标为东经 $120°12′\sim122°55′$，北纬 $50°20′\sim52°30′$，如图 7.1 所示。根河市海拔 $98\sim1276m$，是中国纬度最高的城市之一。

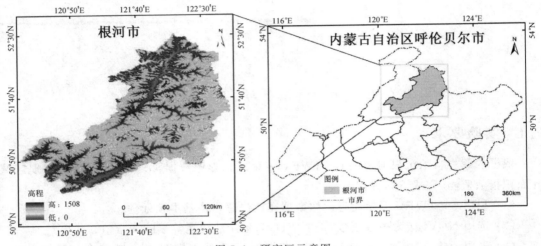

图 7.1　研究区示意图

根河市以森林资源为主，森林覆盖率 75％，居内蒙古自治区之首，属典型的国有林区。植被分为森林植被和林下植被，以森林植被为主，主要树种为兴安落叶松、白桦、樟子松、杨、柳等。

7.5　实验原理

叶面积指数(LAI)是植被冠层结构最重要的生物物理参数之一，通常定义为单位地表面积上所有叶片面积之和的一半，是反映植被个体特征和群体特征长势的关键指标，影响着地表植被的许多生物及物理过程。

归一化植被指数是陆地生态系统一个十分重要的植被特征参数，受到多重因素的影响，如叶面积指数、植被盖度等。由于其时间变化曲线能够比较准确地揭示季节、人类活动对植被生长产生的影响，所以被业内人士视为反映植被生长状态以及植被覆盖度的最优指示因子，由其监测陆地生态系统中的演变状态。NDVI 普遍应用于植被遥感中，能较好地表达出区域内植被分布情况，所以本实验通过分析 NDVI 的变化来反映研究区植被覆盖变化特征。

目前大区域范围内的 LAI 获取通常采用遥感反演方法，主要有物理模型法和经验模型法。本实验采用经验模型法，主要通过遥感技术获取各种植被指数，计算植被指数与 LAI

的回归关系模型。经验模型法虽然存在模型参数随时间或研究区域变化的缺陷,但具有输入参数少、计算效率高、容易实现等优点,且大量的研究表明,植被指数与 LAI 之间具有较好的定量关系。

7.6　实验步骤

7.6.1　数据预处理

1. 辐射定标

(1) 在 PIE-Hyp 7.0 主菜单中加载 2020 年 4 月 12 日内蒙古自治区根河市数据<GF1_WFV2_E121.4_N50.9_20200412_L1A0004734034 >/< GF1_WFV2_E122.0_N52.3_20200412_L1A0004734033 >。

(2) 在 PIE-Hyp 7.0 主菜单中单击【图像预处理】→【多光谱影像辐射校正】→【辐射定标】,打开辐射定标对话框。

(3)【输入文件】选择"GF1_WFV2_E121.4_N50.9_20200412_L1A0004734034.tif"和"GF1_WFV2_E122.0_N52.3_20200412_L1A0004734033.tif",【元数据文件】系统会自动选择,也可手动选择【元数据文件】下的 XML 文件,【定标类型】选择"表观反射率/亮温",【定标系数】为默认值。选择输出路径和文件名称,如图 7.2 所示,单击【确定】按钮进行辐射定标。

(a)　　　　　　　　　　　　　　　　(b)

图 7.2　【辐射定标】对话框
(a) 辐射定标 1;(b) 辐射定标 2

(4) 得到辐射定标结果,如图 7.3 所示。

2. 大气校正

(1) 在 PIE-Hyp 7.0 主菜单中单击【图像预处理】→【多光谱影像辐射校正】→【大气校正】,打开【大气校正】对话框。

(2)【数据类型】选择"表观反射率",【输入文件】选择经过辐射定标后的影像,【元数据文件】选择原始影像的元数据 XML 文件,【传感器类型】选择"GF1 WFV2",【参数设置】按默认

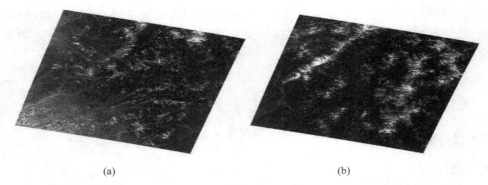

图 7.3　辐射定标结果

(a) 辐射定标 1 结果；(b) 辐射定标 2 结果

设置即可。选择输出文件路径和文件名称,如图 7.4 所示。单击【确定】按钮进行大气校正。

图 7.4　【大气校正】对话框

(a) 大气校正 1；(b) 大气校正 2

(3) 得到大气校正结果,如图 7.5 所示。

3. 正射校正

(1) 在 PIE-Hyp 7.0 主菜单中单击【图像预处理】→【几何校正】→【正射校正】,打开【正射校正】对话框。

(2)【输入文件】选择经过大气校正后的影像,【RPC 文件】按默认设置即可,【数值高程设置】选择【DEM 文件】,选择根河市 DEM.tif,【重采样方法】的参数按默认设置。选择输出空间参考 GCS_WGS_1984,设置输出文件路径和文件名称,如图 7.6 所示。单击【确定】按钮进行正射校正。

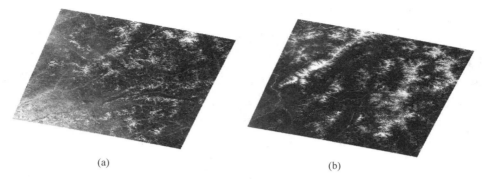

图 7.5 大气校正结果

（a）大气校正 1 结果；（b）大气校正 2 结果

图 7.6 【正射校正】对话框

（a）正射校正 1；（b）正射校正 2

（3）得到正射校正结果，如图 7.7 所示。

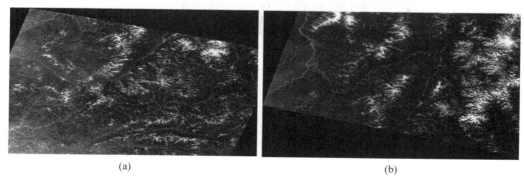

图 7.7

图 7.7 正射校正结果

（a）正射校正 1 结果；（b）正射校正 2 结果

4. 图像拼接

（1）在 PIE-Hyp 7.0 主菜单中单击【图像预处理】→【图像镶嵌】→【快速拼接】，打开【快速拼接】对话框。

（2）单击【添加】按钮，选择经过正射校正后的两幅影像。选择输出文件路径和文件名称，如图 7.8 所示。单击【确定】按钮进行快速拼接。

图 7.8 【快速拼接】对话框

（3）得到快速拼接结果，如图 7.9 所示。

图 7.9 快速拼接结果

5. 图像裁剪

（1）在 PIE-Hyp 7.0 主菜单中单击【图像预处理】→【图像裁剪】，打开【图像裁剪】对话框。

（2）【输入文件】选择经过拼接后的影像，【裁剪方式】勾选【文件】，选择"根河市.shp"。选择输出文件路径和文件名称，如图 7.10 所示。单击【确定】按钮进行图像裁剪。

（3）得到图像裁剪结果，如图 7.11 所示。

图 7.10 【图像裁剪】对话框

图 7.11 图像裁剪结果

图 7.11

6. 真彩色显示

（1）右击裁剪后的影像，单击【属性】→【栅格渲染】，打开【栅格渲染】对话框。

（2）设置波段 3、2、1 进行真彩色显示，如图 7.12 所示。

（3）得到 RGB 合成结果，如图 7.13 所示。

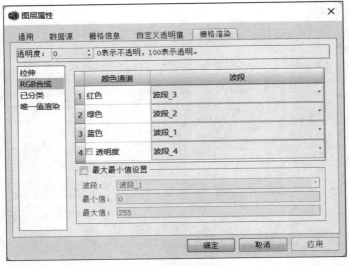

图 7.12 【栅格渲染】对话框

图 7.13

图 7.13 真彩色显示结果

7.6.2 植被指数计算

1. 计算 NDVI

(1) 在 PIE-Hyp 7.0 主菜单中单击【基础工具】→【图像运算】→【波段运算】,打开【波段运算】对话框。

(2) 输入表达式"(b3-b4)/(b3+b4)",输入完成后将输入的运算表达式加载到【表达式列表】中,单击【确定】按钮,进入波段运算公式编辑对话框,如图 7.14 所示。

(3)【波段变量设置】选择图像列表中的 b3 波段赋值为"裁剪.tif 波段--3",b4 波段赋值为"裁剪.tif 波段--4",如果待处理的波段未加载到图像列表中,可通过单击【…】按钮来重新添加影像,【输出数据类型】选择"浮点型(32 位)",因为计算结果可能出现小数,在此默认即可。选择输出路径和文件名称,如图 7.15 所示,单击【确定】按钮进行 NDVI 计算。

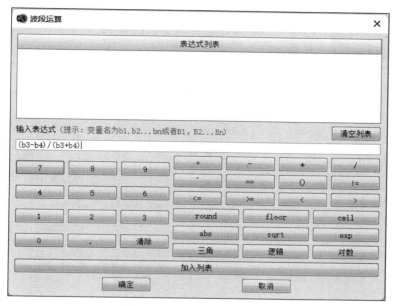

图 7.14 【波段运算】对话框

图 7.15 【波段变量设置】对话框

2. 剔除异常值

NDVI 取值为 -1 ~ 1,通过对反演得到的 NDVI 结果进行直方图统计,可能会发现结果中存在一些异常值。如果出现异常值,可以对上述计算得到的 NDVI 结果进行异常值剔除。由于本实验未出现异常值,以下操作仅做演示。

(1)在 PIE-Hyp 7.0 主菜单中单击【基础工具】→【图像运算】→【波段运算】,打开【波段运算】对话框。

（2）输入表达式"b1 * ((b1>=(−1)) AND (b1<=1)) + (−1) * (b1<(−1)) + (b1>1) * 1"，输入完成后将输入的运算表达式加载到【表达式列表】中，单击【确定】按钮，进入【波段变量设置】对话框，如图7.16所示。

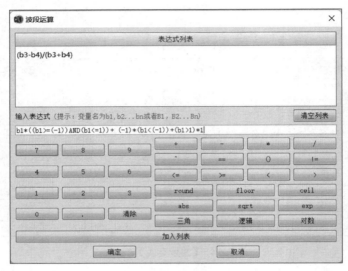

图 7.16 【表达式列表】对话框

（3）在【波段变量设置】中，将图像列表中的 b1 波段赋值为 NDVI 数据波段影像，【输出数据类型】选择"浮点型（32 位）"。选择输出路径和文件名称，如图 7.17 所示，单击【确定】按钮进行 NDVI 异常值剔除。

（4）得到 NDVI 结果图，如图 7.18 所示。

图 7.18

图 7.17 波段变量设置

图 7.18 NDVI 结果图

7.6.3 LAI 反演

本实验选取的是根河市 2020 年 4 月 12 日获取的 GF-1WFV 高光谱遥感影像数据，由于缺少地面实测数据，在此直接采用经验方法建立研究区域 LAI 与 NDVI 之间的一元线性回归模型：

$$LAI = 3.618 \times NDVI - 0.118$$

式中：LAI 为叶面积指数反演结果；NDVI 为归一化植被指数计算结果。

本实验中使用【波段运算】工具来完成 LAI 反演。

（1）在 PIE-Hyp 7.0 主菜单中单击【基础工具】→【图像运算】→【波段运算】，打开【波段运算】对话框。

（2）输入表达式"3.618 * b1 - 0.118"，输入完成后将输入的运算表达式加载到【表达式列表】中，单击【确定】按钮，进入【波段变量设置】对话框，如图 7.19 所示。

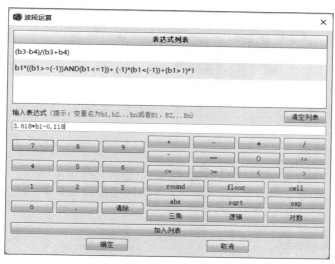

图 7.19 【表达式列表】对话框

（3）进行波段变量设置，将图像列表中的 b1 波段赋值为 NDVI_TC 数据波段影像，【输出数据类型】选择"浮点型（32 位）"。选择输出路径和文件名称，如图 7.20 所示，单击【确定】按钮进行 LAI 计算。

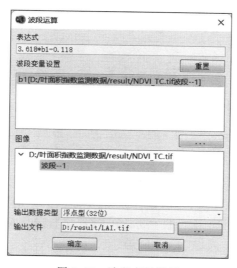

图 7.20 波段变量设置

（4）得到 LAI 计算结果，如图 7.21 所示。

图 7.21

图 7.21　LAI计算结果

7.6.4　专题制图

使用影像渲染工具对 LAI 计算结果进行渲染，形成专题信息图。

（1）右击 LAI 变化监测结果图层，选择【属性】→【栅格渲染】→【已分类】，如图 7.22、图 7.23 所示。

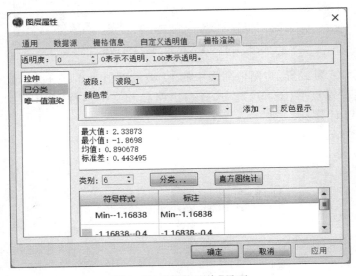

图 7.22　【栅格渲染】界面

（2）单击【分类…】按钮，打开【分类】对话框。分类【方式】选择"手动"，【类别】调整大小为"6"，将监测结果分为 6 个分类区间，设置分类【中断值】，分别为 0、0.5、1、1.5、2、2.5。在【颜色带】选择合适的颜色。如图 7.22 所示，单击【确定】按钮，对 LAI 计算结果进行分类渲染显示。得到渲染显示结果，如图 7.24 所示。

将软件视图方式切换到制图视图方式，可对渲染结果进行专题图的制作。在 PIE-Hyp

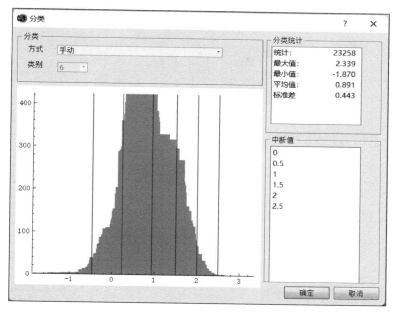

图 7.23　【分类】设置对话框

7.0 主菜单中单击【专题制图】→【地图整饰】→【文本】/【指北针】/【比例尺】/【图例】,可以添加专题图名称、指北针、比例尺、图例等专题图信息,并进行专题图的输出。最后得到根河市叶面积指数专题图,如图 7.25 所示。

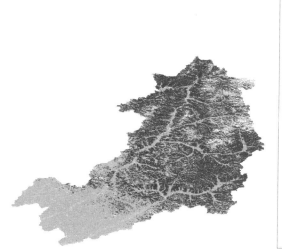

图 7.24　计算结果渲染显示

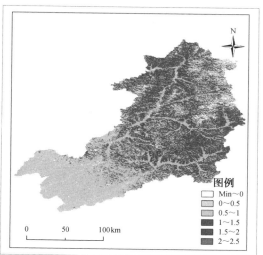

图 7.25　根河市叶面积指数空间分布专题图

图 7.24

实验 8
基于遥感的草原与沙漠化监测

8.1　实验要求

根据 2017 年 7 月与 2023 年 8 月内蒙古自治区乌海市的 Landsat 8 OLI 数据，完成下列分析：

(1) 计算乌海市的 NDVI。

(2) 计算乌海市的植被覆盖度。

(3) 分别提取两期遥感影像中的草原分布信息，并分析这期间草原的变化。

8.2　实验目标

(1) 掌握植被覆盖度的遥感计算方法。

(2) 理解草原退化与荒漠化之间的关系。

8.3　实验软件

软件：PIE-Basic 7.0。

8.4　实验区域与数据

8.4.1　实验数据

<乌海市.shp>：乌海市矢量边界数据。

<whyx>：2017 年 7 月与 2023 年 8 月内蒙古自治区乌海市的 Landsat 8 OLI 数据。

8.4.2　实验区域

乌海市位于内蒙古自治区西南部，北纬 $39°02'30''\sim39°54'55''$，东经 $106°36'25''\sim$

$107°08'05''$,地处黄河上游下端,是华北和西北地区的交会处。总面积 246.97 万亩(1 亩 ≈ 666.67m^2),东西平均宽 18km,南北长 100km,如图 8.1 所示。乌海市东靠鄂尔多斯高原,西接贺兰山山脉,南临银川平原,北连乌兰布和沙漠。

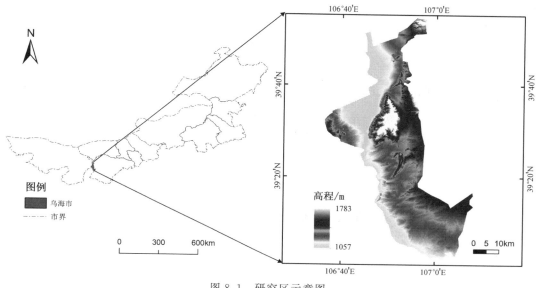

图 8.1   研究区示意图

乌海市属于典型的温带大陆性气候,具有高原寒暑剧变的特点,日照时间长、太阳辐射强、干旱少雨、风大沙多;地貌类型多样,土壤类型较为复杂而多样,主要有灰漠土、棕钙土、栗钙土、风沙土、草甸土和盐土 6 类;受复杂地形及气候因素的影响,自然植被以荒漠植被、干旱草原植被、沙生植被类型为主。

8.5   实验原理

草原是可更新的生物资源,它受气候变化和人类活动影响,草原的数量、质量和分布处于动态变化之中,开展草原资源监测是保护草原生态系统的基础。遥感技术随着不断的发展,逐渐成为监测草地资源分布、变化的重要手段。

植被覆盖度(FVC)是植被(包括叶、茎、枝)在地面的垂直投影面积占统计区总面积的百分比,是衡量地表植被状况的一个重要指标,是描述生态系统的重要基础数据,也是区域生态系统环境变化的重要指标,通过对干旱区草原植被覆盖度的定量反演、植被覆盖变化监测,可以实现草原植被的高频率、大范围、实时监测。

本实验采用像元二分法模型和植被指数法来实现乌海市的草原与沙漠化监测。首先是利用植被对红光和近红外波段的敏感特性,计算 NDVI,公式如下:

$$\text{NDVI} = \frac{\text{NIR} - \text{Red}}{\text{NIR} + \text{Red}}$$

式中:NIR 表示近红外波段的反射率;Red 表示红波段的反射率。NDVI 为 −1∼1,值越接近 1,说明植被的长势越好。利用直方图统计 NDVI 结果图像,获取纯净植被像元与纯净土

壤像元的 NDVI。计算 FVC,公式如下:

$$FVC = \frac{NDVI - NDVI_{soil}}{NDVI_{veg} - NDVI_{soil}}$$

式中:$NDVI_{veg}$ 表示纯净植被像元的值;$NDVI_{soil}$ 表示纯净土壤像元的值。

8.6 实验步骤

8.6.1 计算归一化植被指数

(1) 打开 PIE-Basic 软件,单击【图像运算】→【波段运算】,输入 NDVI 计算公式"(B5-B4)/(B5+B4)",如图 8.2 所示,单击【加入列表】按钮可将公式存储到列表之中,单击【确定】按钮完成公式的输入。

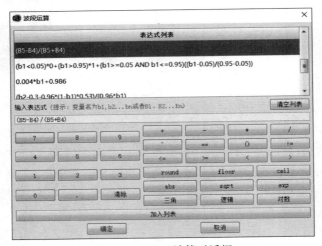

图 8.2　NDVI 计算对话框

(2) 在弹出的对话框中,为 B4、B5 赋值,B4 选择波段 4,B5 选择波段 5,设置存储路径,单击【确定】按钮,如图 8.3 所示。

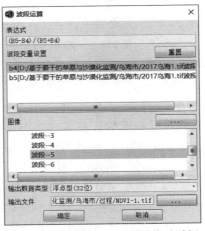

图 8.3　给变量 B4 和 B5 赋值对话框

注意：不同的遥感影像，可能对应的近红外和红波段并非波段 4 和波段 5。

8.6.2　像元二分法计算植被覆盖度

1. 直方图统计

（1）在 PIE-Basic 7.0 主菜单中右击【Map】→【加载栅格数据】，加载上一步得到的 NDVI 图像。

（2）在主菜单下单击【图像特征统计】→【直方图统计】，文件选择 NDVI-1. tif，取消勾选【统计为 0 的背景值】。

（3）单击【应用】按钮，显示统计结果，根据已有的研究结果，将进度条分别拉至 5% 和 95%，显示的值分别作为 $NDVI_{min}$ 和 $NDVI_{max}$。由图 8.4 和图 8.5 可知，$NDVI_{min} = -0.016275$，$NDVI_{max} = 0.444339$。

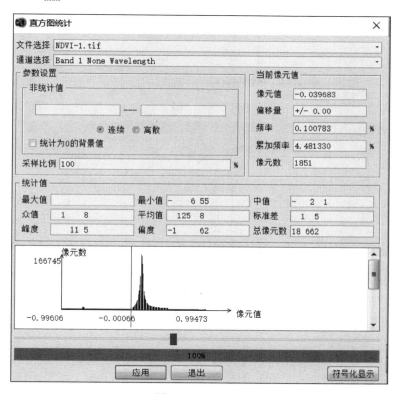

图 8.4　$NDVI_{min}$

由于遥感数据采集、传输过程不可避免受噪声干扰，质量有一定的误差，因而 $NDVI_{min}$ 和 $NDVI_{max}$ 一般取一定置信区间范围内的最大值和最小值，置信度的取值要根据图像实际情况来定，一般 $NDVI_{min}$、$NDVI_{max}$ 分别按 5%、95% 取值。

2. 二值化处理

（1）对计算的 NDVI 进行二值化处理。在 PIE-Basic 软件中，单击【常用功能】→【图像运算】→【波段运算】，在【输入表达式】栏中输入（b1<（−0.016275）) * 0+(b1>0.444339) *

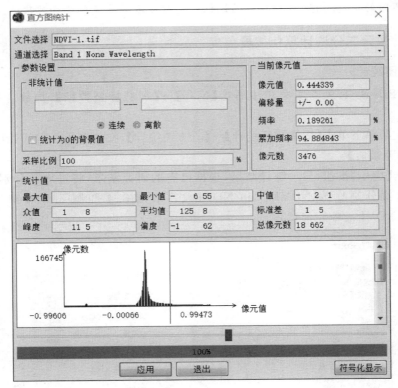

图 8.5　NDVI$_{max}$

$1+(b1>=(-0.016275)$ and $b1<=0.444339)*((b1+0.016275)/(0.444339+0.016275))$，如图 8.6 所示。

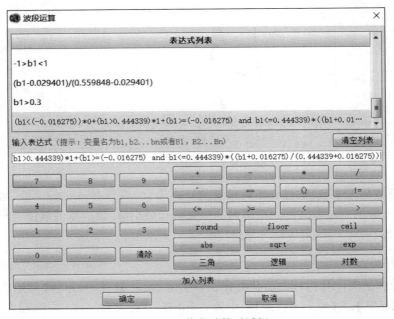

图 8.6　二值化计算对话框

公式的含义：当括号内值为真时，返回值为 1，当括号内值为假时，返回值为 0；当 $NDVI < -0.016275$ 时，$FVC=0$，$NDVI > 0.444339$ 时，$FVC=1$；当 NDVI 在两者之间时，$FVC = (b1 - NDVI_{min})/(NDVI_{max} - NDVI_{min})$。

（2）在弹出的对话框中，为 b1 赋值，b1 选择上一步计算得到的 NDVI，设置存储路径，单击【确定】按钮，如图 8.7 所示，得到 2017 年 7 月植被覆盖图如图 8.8 所示。

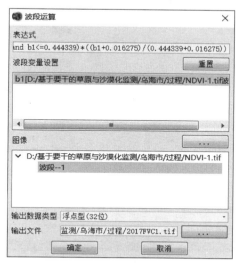

图 8.7 给变量 b1 赋予波段对话框

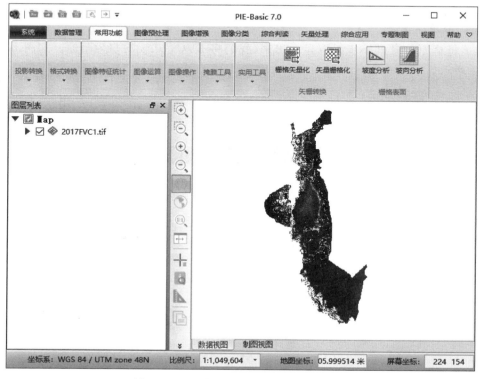

图 8.8

图 8.8 2017 年 7 月植被覆盖度计算结果

（3）在主窗口加载上一步得到的植被覆盖图像，单击【常用功能】→【图像特征统计】→【直方图统计】，如图 8.9 所示，统计值中最大值为 1，最小值为 0，所以二值化结果正确。

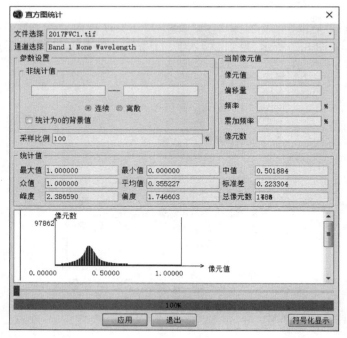

图 8.9　2017 年 7 月植被覆盖度结果直方图统计

3. 提取草原信息

为了将草原信息进一步提取显示出来，我们将 FVC>0.3 的归为草原。如图 8.10 和图 8.11 所示。

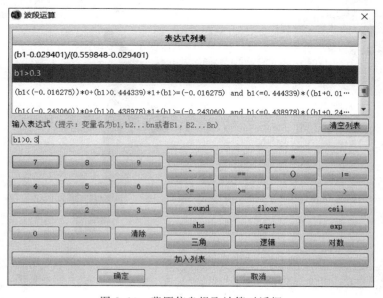

图 8.10　草原信息提取计算对话框

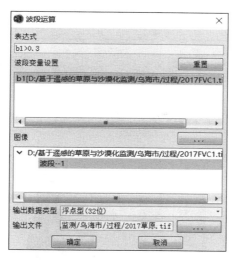

图 8.11　草原信息提取变量 b1 赋值对话框

注意：为什么不是大于 0，因为存在混合像元的问题，裸地上也会出现植被。

提取结果如图 8.12 所示。

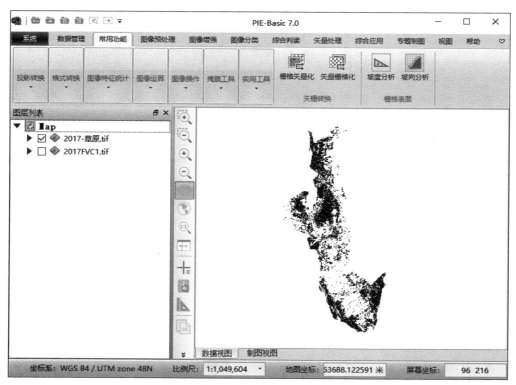

图 8.12　2017 年 7 月草原信息提取结果

8.6.3　提取并显示 2023 年 8 月草原空间分布信息

（1）方法同 2017 年 7 月草原信息提取过程，这里仅展示结果，首先是计算 2023 年 8 月影像的 NDVI,如图 8.13 所示。

图 8.13

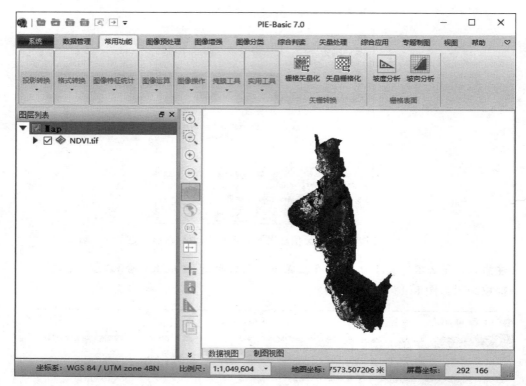

图 8.13   2023 年 8 月影像的 NDVI

（2）用像元二分法,计算植被覆盖度如图 8.14 所示。

图 8.14

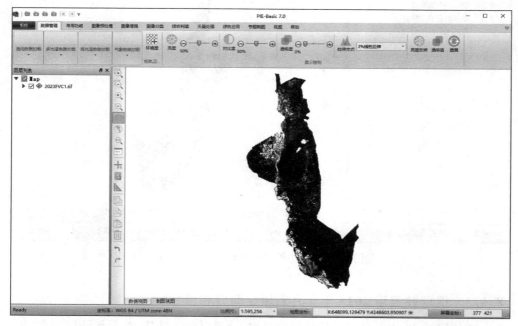

图 8.14   2023 年 8 月影像植被覆盖度计算结果

（3）提取 2023 年 8 月影像草原的信息，如图 8.15 所示。

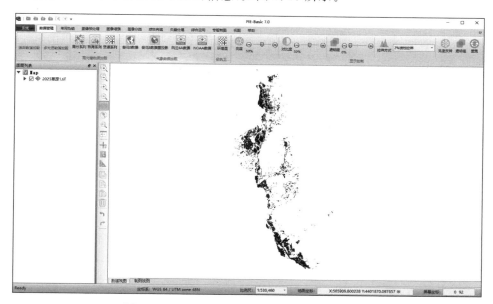

图 8.15

图 8.15　2023 年 8 月影像草原的信息提取结果

8.6.4　2017—2023 年草原变化监测

单击【常用功能】→【图像运算】→【波段运算】，如图 8.16 和图 8.17 所示，变化监测结果如图 8.18 所示。

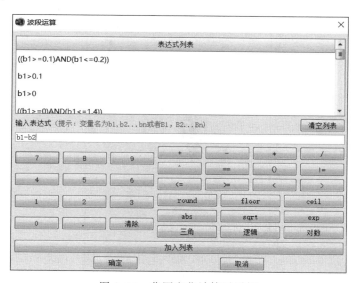

图 8.16　草原变化计算对话框

8.6.5　专题制图

草原面积变化专题图如图 8.19 所示。

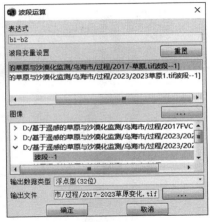

图 8.17　草原变化计算变量 b1 和 b2 赋值对话框

图 8.18

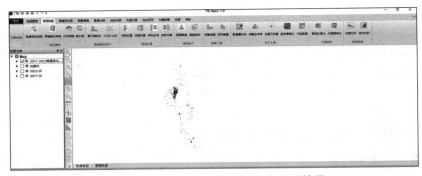

图 8.18　2017—2023 年草原变化监测结果

图 8.19

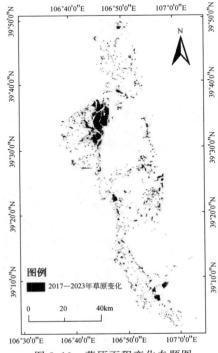

图 8.19　草原面积变化专题图

专题三

土地覆盖与生态环境遥感

实验 9

生态环境质量遥感监测

9.1 实验要求

在 PIE 软件中计算出北京市海淀区湿度指标、绿度指标、干度指标、热度指标。根据实验数据，完成下列分析。

通过主成分分析法分析 4 种生态环境评价指标，对比得出能够评价北京市海淀区生态环境质量状况的最优指标。

9.2 实验目标

（1）掌握 PIE 影像预处理操作方法。
（2）掌握生态环境评价指标提取方法。

9.3 实验软件

软件：PIE-Basic 7.0。

9.4 实验区域与数据

9.4.1 实验数据

＜HD＞：2013 年北京市海淀区 Landsat 8 OLI 多光谱影像数据。
＜HD.shp＞：北京市海淀区的矢量数据。

9.4.2 实验区域

海淀区，位于北京城区西部和西北部，东与西城区、朝阳区相邻，南与丰台区毗连，西与石景山区、门头沟区交界,北与昌平区接壤,如图 9.1 所示。海淀区边界线长约 146.2km,南北长约 30km,东西最宽处 29km,面积 430.77km²,约占北京市总面积的 2.6%。海淀区高校云集,名胜古迹众多,著名的北京大学、清华大学、中国人民大学、北京师范大学等高校,颐和园、圆明园、香山等风景名胜都位于海淀区。

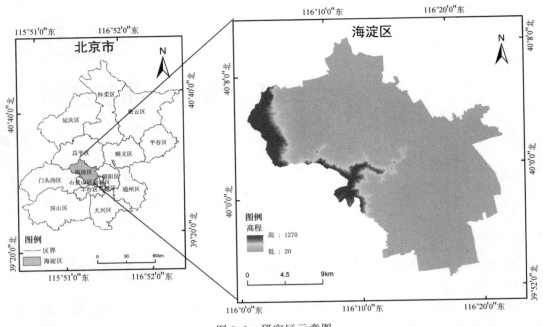

图 9.1　研究区示意图

9.5　实验原理

9.5.1　指标运算

遥感生态指数(RSEI)是一个完全基于遥感技术,以自然因子为主的指数,可用来对城市的生态状况进行快速监测与评价。该指数利用主成分分析(PCA)技术集成了植被指数、湿度分量、地表温度和建筑指数 4 个评价指标,分别代表绿度、湿度、热度和干度四大生态要素。

湿度指标运算。以缨帽变换中的湿度分量(WET)作为湿度指标,它能够反映出植被状况和土壤湿度,因此在生态环境质量评价中得到广泛应用。基于 Landsat TM/OLI 影像数据的公式分别为

$$WET_{TM} = 0.0315\rho_B + 0.2021\rho_G + 0.3102\rho_R + 0.1594\rho_{NIR} - 0.6806\rho_{SWIR1} - 0.6109\rho_{SWIR2}$$
$$(9.1)$$

$$WET_{OLI} = 0.1511\rho_B + 0.1972\rho_G + 0.3283\rho_R + 0.3407\rho_{NIR} - 0.7117\rho_{SWIR1} - 0.4559\rho_{SWIR2}$$
$$(9.2)$$

式中: ρ_B、ρ_G、ρ_R、ρ_{NIR}、ρ_{SWIR1}、ρ_{SWIR2} 分别为 Landsat TM 和 Landsat OLI 影像数据的蓝、绿、红、近红外、短波红外 1、短波红外 2 波段的反射率数据。

绿度指标运算。植被是反映区域生态质量好坏极其重要的因素。绿度指标采用归一

化植被指数(NDVI),可以反映植物生长状况、植被密度与植被覆盖度状况,其公式为

$$\text{NDVI} = \frac{\rho_{\text{NIR}} - \rho_{\text{R}}}{\rho_{\text{NIR}} + \rho_{\text{R}}} \tag{9.3}$$

干度指标运算。由建筑用地和裸土造成的土壤干化会严重危害区域的生态环境。所以,本书中利用两种指数(建筑用地指数(IBI)、裸土指数(BSI))来计算出代表土壤干化程度的干度指标 NDBSI,其公式为

$$\text{IBI} = \frac{2\rho_{\text{SWIR1}}/(\rho_{\text{SWIR1}} + \rho_{\text{NIR}}) - [\rho_{\text{NIR}}/(\rho_{\text{NIR}} + \rho_{\text{R}}) + \rho_{\text{G}}/(\rho_{\text{G}} + \rho_{\text{SWIR1}})]}{2\rho_{\text{SWIR1}}/(\rho_{\text{SWIR1}} + \rho_{\text{NIR}}) + [\rho_{\text{NIR}}/(\rho_{\text{NIR}} + \rho_{\text{R}}) + \rho_{\text{G}}/(\rho_{\text{G}} + \rho_{\text{SWIR1}})]} \tag{9.4}$$

$$\text{BSI} = [(\rho_{\text{SWIR1}} + \rho_{\text{R}}) - (\rho_{\text{B}} - \rho_{\text{NIR}})]/[(\rho_{\text{SWIR1}} + \rho_{\text{R}}) + (\rho_{\text{B}} + \rho_{\text{NIR}})] \tag{9.5}$$

$$\text{NDBSI} = (\text{IBI} + \text{BSI})/2 \tag{9.6}$$

热度指标(LST),通常用地表温度的计算结果来代替。无论是在全球范围内,还是在区域范围内,热环境问题都是一个迫切需要解决的现实问题。地表温度采用 Landsat 用户手册模型和修订参数来计算,其表达式为

$$\text{LST} = T_b/[1 + ((\lambda T_b)/\rho)\varepsilon] - 273.15 \tag{9.7}$$

$$T_b = K_2/(K_1/L_6 + 1) \tag{9.8}$$

$$L_6 = \text{gain} \times \text{DN} + \text{bias} \tag{9.9}$$

式中:λ 表示 Landsat 热红外波段波长;$\rho = 1.438 \times 10^{-2}\,\text{mK}$;$\varepsilon$ 为发射率,根据 Sobrino 提出的 NDVI 阈值处理得到;k_1 和 k_2 为影像源数据获得的参数;T_b 为亮度温度;DN 为数据像元的灰度值;gain 和 bias 分别为波段增益值和偏置值;L_6 代表 Landsat 热红外波段的辐射值。

9.5.2 构建遥感生态指数

RSEI 是一种用于评估环境风险的综合指标。它通过主成分分析将多个环境指标的数据进行整合和简化,将主要信息集中到少数几个主成分中,以便更直观地反映环境风险的总体状况。RSEI 能够有效整合不同单位和量纲的指标数据,通过归一化处理和线性变换,确保各个指标对最终指数的贡献是客观和公正的。相比传统的加权方法,RSEI 不依赖人为设定的权重,而是自动根据各指标的特性和其在主成分中的贡献度进行确定,从而减少了人为偏差的影响,使得环境风险评估更加科学和可靠。RSEI 指数广泛应用于环境监测和管理,为政策制定和环境保护提供了重要的参考依据。需要注意的是,每一个指标都有不同的单位和数值范围,所以需要将 4 个指标分别进行归一化处理,其公式为

$$\text{NI}_i = (I_i - I_{\text{min}})/(I_{\text{max}} - I_{\text{min}}) \tag{9.10}$$

公式示例:(b1<=(-2000)) * 0 + (b1>=(-421)) * 1 + (b1>(-2000) and b1<(-421)) * (b1-(-2000))/((-421)-(-2000)),值确定为 3% 和 97%,目的是去掉误差项。

式(9.10)中:NI_i 为指标归一化处理结果,I_i 表示第 i 个像元值;I_{min} 为最小值;I_{max} 为最大值。

9.6 实验步骤

9.6.1 指标运算

首先单击【数据管理】→【栅格数据】,加载 2013 年北京市海淀区影像数据如图 9.2 所示,

然后单击【常用功能】→【波段运算】，在【输入表达式】中输入湿度指标运算公式"$0.0315 * b1 + 0.2021 * b2 + 0.3102 * b3 + 0.1594 * b4 - 0.6806 * b5 - 0.6109 * b7$"，如图 9.3 所示，其中 b1 对应波段 1，b2 对应波段 2，b3 对应波段 3，b4 对应波段 4，b5 对应波段 5，b7 对应波段 7，设置输出路径，单击【确定】按钮，如图 9.4 所示。

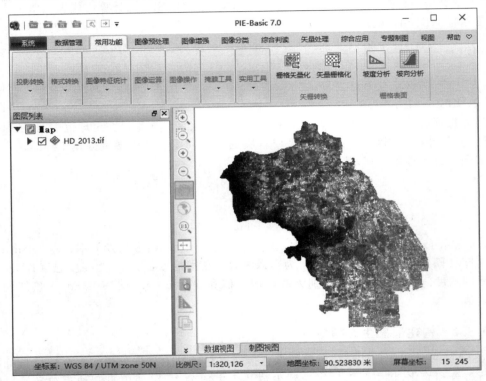

图 9.2　加载数据

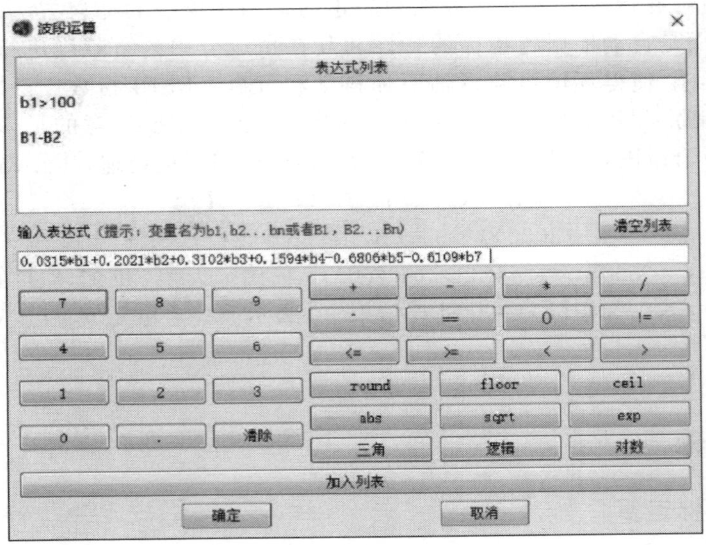

图 9.3　湿度指标运算界面

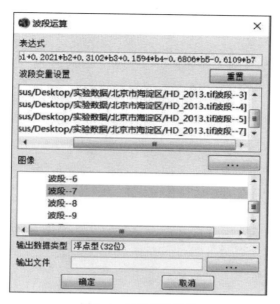

图 9.4　湿度指标运算

计算湿度指标后,进行绿度指标运算,单击常用功能中的【波段运算】,输入公式"(b4－b3)/(b4＋b3)",b3 对应波段 3,b4 对应波段 4,设置输出路径,单击【确定】按钮,如图 9.5、图 9.6 所示。

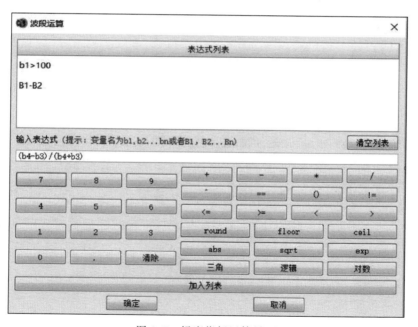

图 9.5　绿度指标运算界面

接下来进行干度指标的运算,单击常用功能中的【波段运算】,输入建筑指数公式"(2 ∗ b5/(b5＋b4)－((b4/(b4＋b3))＋(b2/(b2＋b5))))/(2 ∗ b5/(b5＋b4)＋((b4/(b4＋b3))＋(b2/(b2＋b5))))",b2 对应波段 2,b3 对应波段 3,b4 对应波段 4,b5 对应波段 5,设置输出

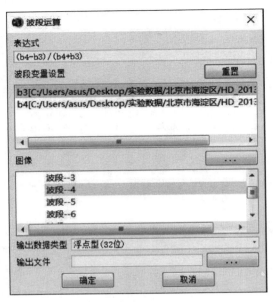

图 9.6　绿度指标运算

路径,单击【确定】按钮,如图 9.7、图 9.8 所示,同理算出裸土指数如图 9.9、图 9.10 所示,最后进行干度指标运算,公式为"(b8+b9)/2",需要注意 b8 对应的是建筑指数波段,b9 对应的是裸地指数波段,如图 9.11、图 9.12 所示。

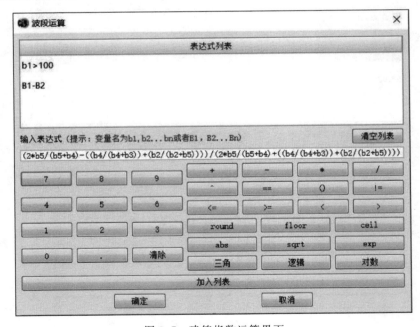

图 9.7　建筑指数运算界面

最后进行热度指标的运算,单击常用功能中的【波段运算】,输入公式"(b6/10)—273.15",b6 对应波段 6,设置输出路径,单击【确定】按钮,如图 9.13、图 9.14 所示。

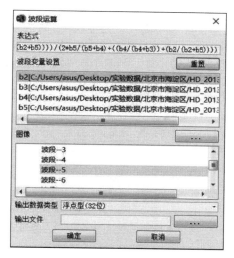

图 9.8 建筑指数运算

图 9.10 裸土指数运算

图 9.11　干度指标运算界面

图 9.12　干度指标运算

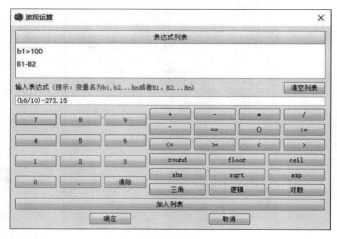

图 9.13　热度指标运算界面

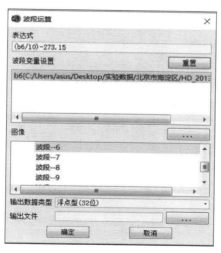

图 9.14　热度指标运算

9.6.2　归一化处理

将 4 个指标进行归一化处理。单击常用功能中的【直方图统计】输入湿度指标,取消勾选【统计为 0 的背景值】,单击【确定】按钮,如图 9.15~图 9.18 所示,记录数据报告窗口中概率为 3% 和 97% 的像元值,绿度指标、干度指标和热度指标。得出湿度指标像元值为 -13800 和 -4200,绿度指标像元值为 -0.065 和 0.013,干度指标像元值为 -0.043 和 0.178,热度指标像元值为 292 和 1020。

图 9.15　湿度指标直方图统计

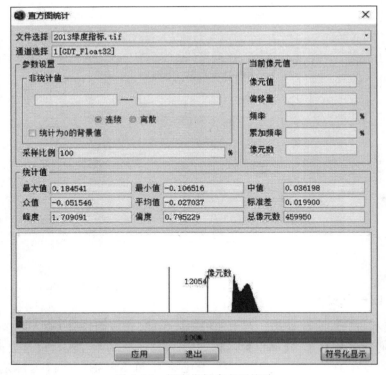

图 9.16　绿度指标直方图统计

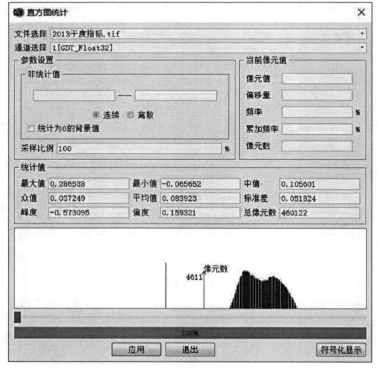

图 9.17　干度指标直方图统计

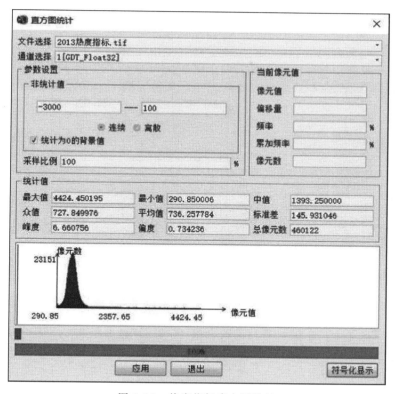

图 9.18　热度指标直方图统计

　　进行归一化处理,单击【波段运算】,将公式"(b1≤=(−2000))＊0＋(b1≥=(−421))＊1＋(b1>(−2000) and b1<(−421))＊(b1−(−2000))/((−421)−(−2000))"中−2000 和−421 替换成指标像元值进行计算,如图 9.19～图 9.22 所示。

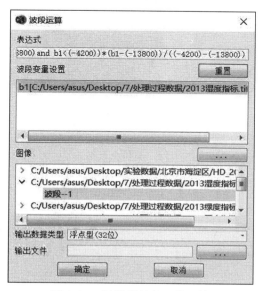

图 9.19　湿度指标归一化运算

图 9.20　绿度指标归一化运算

图 9.21　干度指标归一化运算

图 9.22　热度指标归一化运算

将归一化后的 4 个指标波段进行波段合成(图 9.23)得出图 9.24。

图 9.24

图 9.23　波段合成

图 9.24　波段合成结果

接下来进行主成分变换,单击【图像增强】→【主成分变换】→【主成分正变换】,如图 9.25、图 9.26 所示。

对主成分变换结果进行归一化处理后得出 RSEI(图 9.27)。然后对影像进行栅格渲染,右击影像文件选择【属性】→【栅格渲染】,其中【分类方式】选择"手动间隔",每隔 0.2 进行间断,【类别】选择 5,标注为 min～0.2(差)、0.2～0.4(较差)、0.4～0.6(一般)、0.6～0.8(良)、0.8～1(优)。最后添加图名、图例、指北针和比例尺完成出图。

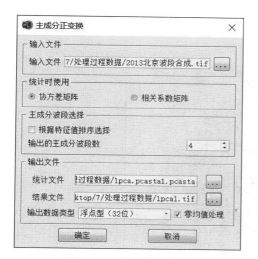

图 9.25 主成分正变换

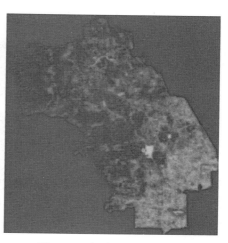

图 9.26 主成分正变换结果

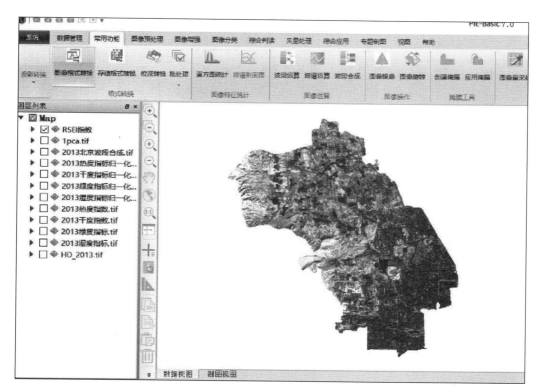

图 9.27 RESI

9.6.3 专题制图

北京市海淀区 RESI 结果图如图 9.28 所示。

图 9.28

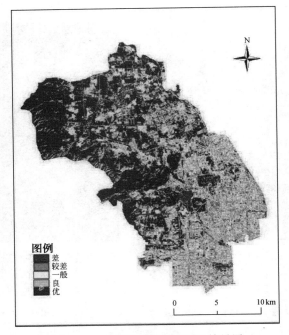

图 9.28　北京市海淀区 RESI 结果图

实验 10
土地覆盖与生态环境遥感

10.1　实验要求

　　根据 2017 年吉林省白城市通榆县的遥感影像数据,将该区域的地物分为耕地,林地,草地,水域,城乡、工矿、居民用地,未利用土地 6 类,完成下列分析。

　　(1) 用 K-Means 分类法对区域 6 类地物进行遥感识别。

　　(2) 用最大似然法对区域 6 类地物进行遥感识别。

　　(3) 制作实验区土地覆盖专题图。

10.2　实验目标

　　(1) 熟悉使用 PIE-Basic 软件进行多光谱遥感影像的辐射定标、大气校正、几何校正、图像融合、图像裁剪等操作。

　　(2) 学习并掌握 PIE-Basic 软件的土地利用分类及分类后处理操作。

　　(3) 掌握 PIE-Basic 软件的专题制图操作。

10.3　实验软件

　　软件：PIE-Basic 7.0。

10.4　实验区域与数据

10.4.1　实验数据

< 2017 通榆>：2017 年通榆县影像数据。

<通榆县.shp>：2017 年通榆边界矢量数据。

10.4.2　实验区域

　　通榆县位于吉林省白城市、科尔沁草原东陲，地理坐标为东经 $122°02'\sim123°30'$，北纬 $44°13'\sim45°16'$，如图 10.1 所示。通榆县境东与乾安县相接，西与内蒙古自治区科尔沁右翼中旗为界，南与长岭县相连，西南与内蒙古自治区科尔沁左翼中旗相交，北与洮南市为邻，东北与大安市接壤，面积为 $8476.39km^2$。通榆县地势平坦开阔，西北略高，东南稍低，海拔在 $140\sim180m$，西部多沙丘，东部多平原，土壤以淡黑钙土、风沙土等为主。

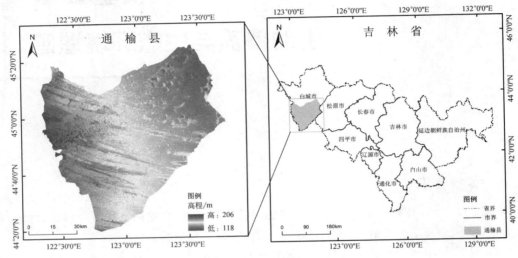

图 10.1　研究区示意图

10.5　实验原理

　　土地覆盖是自然营造物和人工建筑物所覆盖的地表诸要素的综合体，包括地表植被、土壤、湖泊、沼泽湿地及各种建筑物（如道路等），具有特定的时间和空间属性，其形态和状态可在多种时空尺度上变化。本实验分别采取监督分类法和非监督分类法对土地覆盖进行分类，监督分类有以下优点：监督分类可以控制训练样本的选择，有选择地决定分类类别，避免出现不必要的类别。在进行监督分类之前可以通过检查训练区样本来确定训练区是否被精确分类，从而避免分类中的盲目性和错误。非监督分类的优势在于，机器分类之前，人为约束较少，仅需要框定地物识别。当研究区域的现场数据或先验知识不可用时，无监督分类也可以继续工作。

　　分类结果图制成专题地图后，可以将分类结果规范化与信息化显示。实验步骤主要包括图像预处理、土地覆盖分类、分类后处理、专题图制作。

10.6　实验步骤

10.6.1　图像预处理

1. 图像融合

　　在 PIE-Basic 7.0 主菜单中单击【图像预处理】→【图像融合】→【Pansharp 融合】，弹出

【Pansharp 融合】对话框,【输入文件】选择"2017 通榆波段合成. tif",【高分辨率影像设置】选择"LC08 L1TP-120029_20170518_20170525_01_T1_BQA. TIF",设置输出文件路径及名称,如图 10.2 所示。

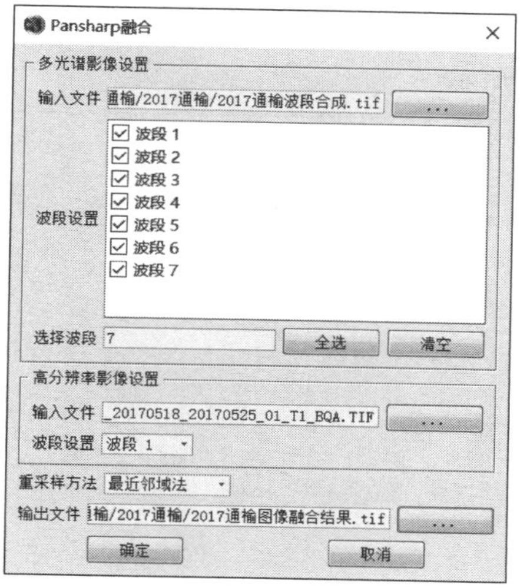

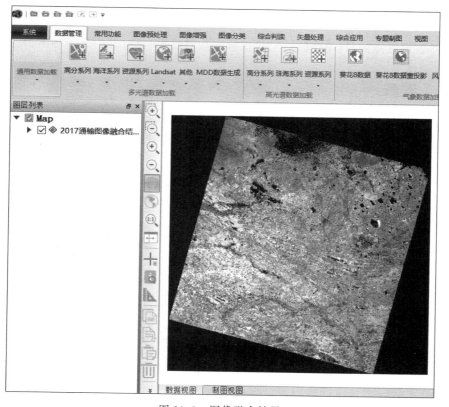

图 10.2　【Pansharp 融合】对话框

单击【确定】按钮执行图像融合操作,图像融合结果如图 10.3 所示。

图 10.3　图像融合结果

2. 图像裁剪

在 PIE-Basic 7.0 主菜单中单击【图像预处理】→【图像裁剪】，弹出【图像裁剪】对话框，【输入文件】选择"2017 通榆图像融合结果.tif"，【裁剪方式】勾选【文件】，【文件路径】选择如图 10.4 所示，单击【选中矢量】单选按钮，【输出】勾选【无效值】，【输出文件】命名为"2017 通榆图像裁剪.tif"，如图 10.4 所示。

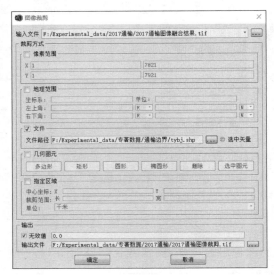

图 10.4 【图像裁剪】对话框

所有参数设置完成后，单击【确定】按钮执行裁剪操作，裁剪后的影像如图 10.5 所示。

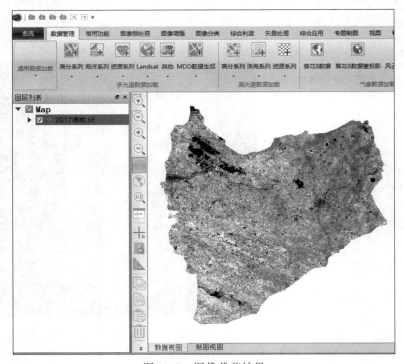

图 10.5 图像裁剪结果

为使图像中土地利用视觉效果更好,将图像裁剪结果以真彩色显示。具体操作如下:在【图像裁剪】图层右击,单击【属性】,弹出【图层属性】对话框,如图 10.6 所示。单击【栅格渲染】→【RGB 合成】,将红色、绿色、蓝色通道分别赋予波段 3、波段 2、波段 1,最后单击【确定】按钮,结果如图 10.7 所示。

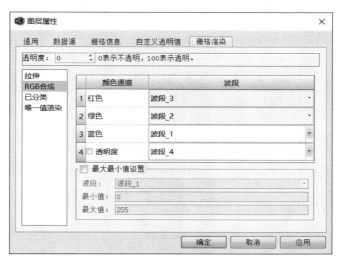

图 10.6　【栅格渲染】对话框

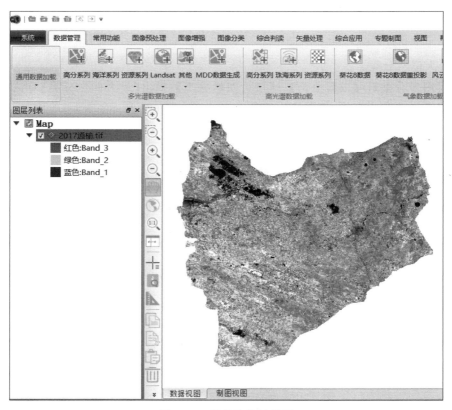

图 10.7　栅格渲染结果图

10.6.2　土地覆盖分类

1. 样本选择

单击【图像分类】→【样本采集】→【ROI工具】，单击【增加】按钮，首先以多边形绘制耕地 ROI，设置颜色，按上述方法继续绘制林地，草地，水域，城乡、工矿、居民用地，未利用土地的 ROI，【ROI工具】对话框如图 10.8 所示。

图 10.8　【ROI工具】对话框

2. 最大似然分类

单击【图像分类】→【监督分类】→【最大似然分类】，弹出【最大似然分类】对话框，在【选择文件】中选择待分类影像，设置输出路径及名称，如图 10.9 所示。

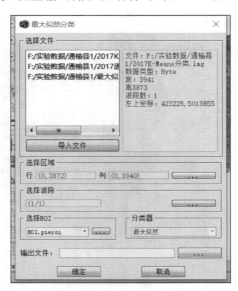

图 10.9　【最大似然分类】对话框

单击【确定】按钮,最大似然分类结果如图 10.10 所示。

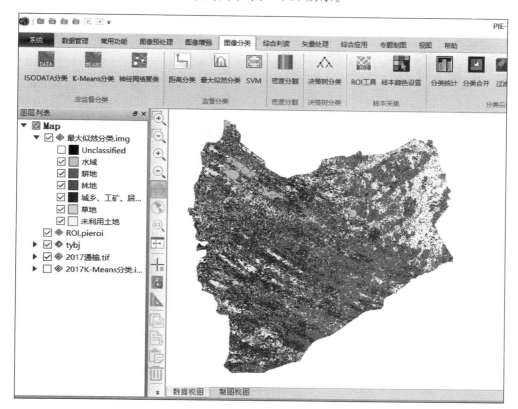

图 10.10

图 10.10 最大似然分类结果图

3. K-Means 分类

单击【图像分类】→【非监督分类】→【K-Means 分类】,弹出【K-Means 分类】对话框,【输入文件】选择"2017 通榆. tif",【输出文件】命名为"2017 K-Means 分类. img",如图 10.11所示。

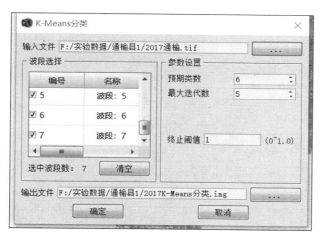

图 10.11 【K-Means 分类】对话框

单击【确定】按钮执行分类操作,K-Means 分类结果如图 10.12 所示。

图 10.12

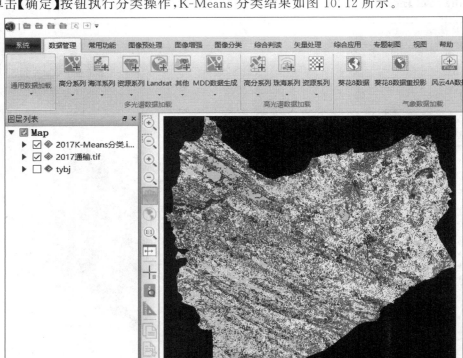

图 10.12　K-Means 分类结果图

10.6.3　分类后处理

1. 分类统计

单击【图像分类】→【分类后处理】→【分类统计】,弹出【分类统计】对话框,【输入文件】选择"最大似然分类.img",单击【开始统计】按钮,统计结果如图 10.13 所示,单击【统计信息保存】按钮,保存分类统计信息。

图 10.13　分类统计信息

2．过滤

单击【图像分类】→【分类后处理】→【过滤】，弹出【过滤】对话框，【输入文件】选择"最大似然分类.img"，选择全部类别，其他参数为系统默认，【输出文件】命名为"2017过滤结果.img"，如图10.14所示。

图10.14　【过滤】参数设置

单击【确定】按钮执行过滤操作，过滤结果如图10.15所示。

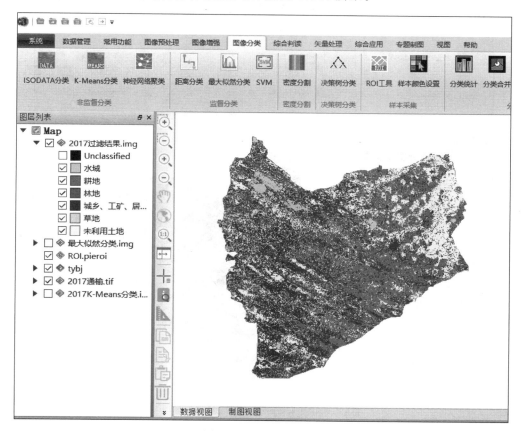

图10.15　过滤结果图

3. 聚类

单击【图像分类】→【分类后处理】→【过滤】,弹出【聚类】对话框,【输入文件】选择"2017 过滤结果.img",【核大小】选择默认值,【输出文件】命名为"2017 通榆聚类结果.img",如图 10.16所示。

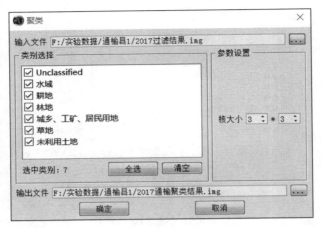

图 10.16　【聚类】对话框

单击【确定】按钮执行聚类操作,聚类结果如图 10.17 所示。

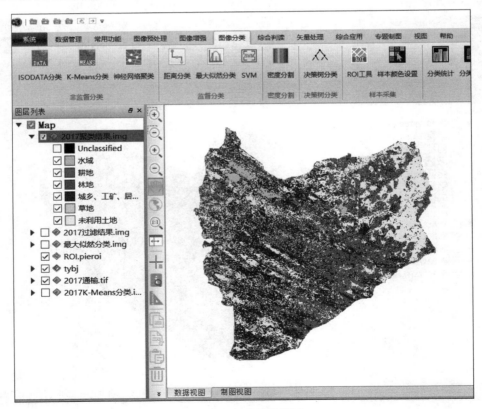

图 10.17　聚类结果图

4. 主/次要分析

单击【图像分类】→【分类后处理】→【主/次要分析】,弹出【主/次要分析】对话框,【输入文件】选择"2017聚类结果.img",先进行主要分析,选择【分析方法】下的"主要",其他参数选择默认值,【输出文件】命名为"2017通榆主要分析结果.img",如图10.18所示。

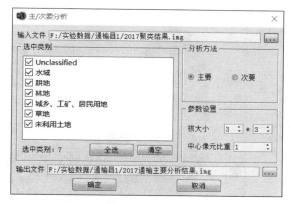

图10.18　【主/次要分析】对话框

单击【确定】按钮,主要分析结果如图10.19所示,采用同样的操作方法进行次要分析,次要分析结果如图10.20所示。

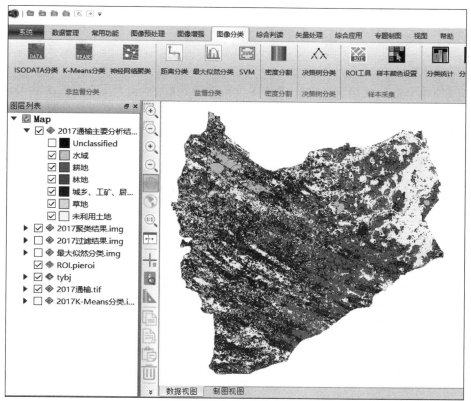

图10.19

图10.19　主要分析结果图

图 10.20

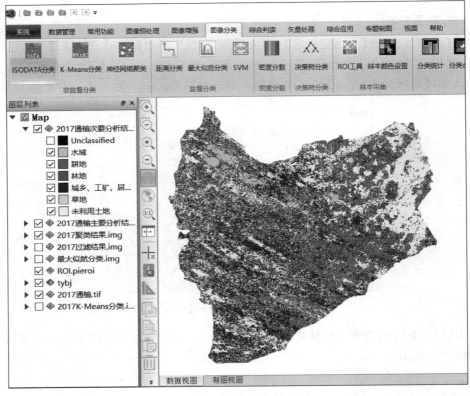

图 10.20　次要分析结果图

5. 精度分析

单击【图像分类】→【精度评价】→【精度分析】,弹出【精度分析】对话框,【输入文件】选择"K-Means 分类结果.img",【真实地面影像】选择"2017 通榆主要分析结果",单击【自动匹配】按钮,单击【确定】按钮,精度分析结果如图 10.21 所示。

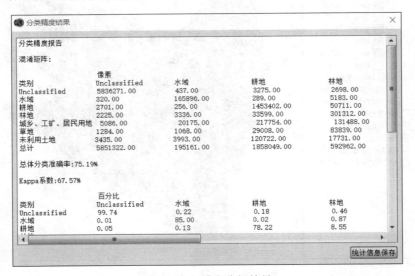

图 10.21　精度分析结果

10.6.4　专题制图

1. 切换至制图模式

2. 专题图模板

单击【制图视图】→【专题图模板】,单击【更改布局】,弹出【选择模板】对话框,选择【横向 A4 空白.pmd】,专题图选择操作模板结果如图 10.22 所示。

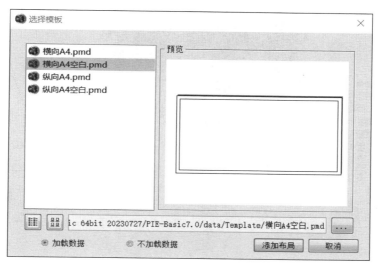

图 10.22　【选择模板】对话框

3. 添加专题图要素

(1)添加专题图名称。单击【专题制图】→【地图整饰】→【文字】,弹出如图 10.23 所示的对话框。输入文本名称为"2017 年通榆县土地覆盖专题图",【字体】选择"宋体",【颜色】选择黑色,【大小】选择"22",【字符间距】选择默认值"100.00%"。如图 10.23 所示。

图 10.23　【文字】对话框

（2）添加指北针、比例尺、图例等必要元素，最后导出地图。2017年通榆县土地覆盖专题图如图10.24所示。

图 10.24

图例
- 水域
- 耕地
- 林地
- 城乡、工矿、居民用地
- 草地
- 未利用土地

0　10　20　　　40km

图 10.24　2017年通榆县土地覆盖专题图

实验**11**

秸秆焚烧火点提取

11.1 实验要求

根据 2018 年龙江县遥感影像数据和火点数据集完成以下分析。

（1）完成遥感影像预处理。

（2）采用最大似然法将龙江县的土地利用类型分为耕地、森林、草地、水域、建设用地 5 类。

（3）提取耕地信息。

（4）提取耕地范围内秸秆焚烧火点信息。

11.2 实验目标

（1）掌握遥感影像的预处理操作方法。

（2）掌握土地利用分类和提取火点原理与操作方法。

11.3 实验软件

软件：PIE-Basic 7.0、WPS。

11.4 实验区域与数据

11.4.1 实验数据

＜LJ＞：＜LC08_L1TP_120027_20180926_20181009_01_T1＞；＜LC08_L1TP_121027_20181003_20181010_01_T1＞；2018 年黑龙江省齐齐哈尔市龙江县的 Landsat 8 影像数据。

<全国火点 2018 >：2018 年黑龙江省齐齐哈尔市龙江县 Landsat 8 高温点数据。

<龙江县 shp >：2018 年黑龙江省齐齐哈尔市龙江县区划范围。

11.4.2　实验区域

龙江县位于黑龙江省西部,中温带地区,研究区概况如图 11.1 所示。龙江县作为黑龙江省产粮大县和国家重要的商品粮生产基地,主要粮食作物有玉米、水稻和大豆,有"全国玉米第一县"美称。全县耕地面积 36.73 万 hm^2。2018 年种植粮食作物共 32 万 hm^2,其中玉米 26.4 万 hm^2,水稻 4.27 万 hm^2,大豆 0.53 万 hm^2,三大粮食作物种植面积占粮食作物种植总面积的 97%。

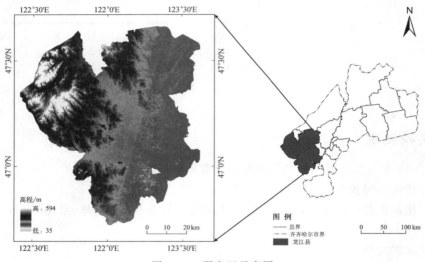

图 11.1　研究区示意图

龙江县作为我国重要的农业生产地区,每到收割时节就成为秸秆焚烧的重点区域。近年来,随着粮食产量不断提高,大量农作物秸秆被露天焚烧。尽管国家颁布一系列"禁烧令",但每年仍有大量秸秆无法妥善处理,秸秆焚烧依旧屡禁不止。

11.5　实验原理

监督分类是根据已知训练场地提供的样本,通过选择特征参数,建立判别函数,然后把图像中各个像元归到给定类中的方法。监督分类的基本过程是:首先根据已知的样本类别和类别的先验知识确定判别准则,计算判别函数;然后将未知类别的样本值代入判别函数,根据判别准则对该样本所属的类别进行判定。在这个过程中,利用已知的特征值求解判别函数的过程称为学习或训练。

最小距离分类法只考虑了待分类样本到各个类别中心的距离,而没有考虑已知样本的分布,分类速度快但精度不高。本次操作采用了监督分类中的最大似然分类。它也是分类方法里用得较多的一种。该方法不仅考虑了待分类样本到已知类别中心的距离,而且还考虑了已知类别的分布特征,所以其分类精度比最小距离分类法要高。

11.6　实验步骤

11.6.1　图像预处理

1. 波段合成

PIE-Basic 软件的波段合成功能主要用于将多幅图像合并为一个新的多波段图像。本实验所选用的龙江县由两景 Landsat 8 影像拼接而成,此处以其中一景影像为例。

（1）在 PIE-Basic 7.0 主菜单中单击【常用功能】→【图像运算】→【波段合成】。

（2）针对 Landsat 8 数据,需要将第 8 全色波段、第 9 卷云波段以及第 10、第 11 两个热红外波段去掉,所以【文件选择】为 1～7 波段,如图 11.2 所示,并按照 1～7 的波段排列顺序,单击【确定】按钮。【输出分辨率】显示输出影像的分辨率,为系统默认设置,【输出方式】设置为"交集",【输出范围】为系统默认设置,【输出文件】设置输出路径和名称,如图 11.2 与图 11.3 所示,单击【确定】按钮进行波段合成。

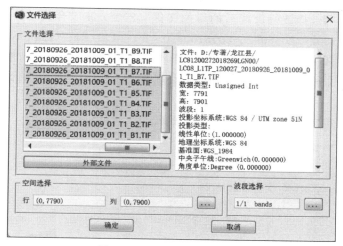

图 11.2　【文件选择】对话框

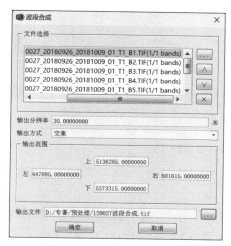

图 11.3　【波段合成】对话框

（3）输出波段合成处理结果，如图 11.4 所示。

图 11.4　波段合成结果

2. 辐射定标

（1）在 PIE-Basic 7.0 主菜单中单击【图像预处理】→【辐射校正】→【辐射定标】。

（2）【输入文件】选择波段合成后的影像文件"120027 波段合成.tif"，【元数据文件】选择"LC08_L1TP_120027_20180926_20181009_01_T1_MTL.txt"（Landsat 系列数据元数据文件是 MTL.txt)，【定标类型】选择"表观反射率/亮温"，【定标系数】按默认自动显示定标增益和定标偏移。【输出文件】设置输出路径和名称，如图 11.5 所示，单击【确定】按钮进行辐射定标。

（3）输出辐射定标处理结果，如图 11.6 所示。

图 11.5　【辐射定标】对话框

图 11.6　辐射定标结果

3. 大气校正

（1）在 PIE-Basic 7.0 主菜单中单击【图像预处理】→【辐射校正】→【大气校正】。

（2）【输入信息】中【数据类型】选择"表观反射率"，【输入文件】选择辐射定标后的影像文件"120027 辐射定标.tif",【元数据文件】选择"120027 辐射定标_MTL.txt",【逐像元反演气溶胶】选择"是",其他参数为默认设置。在【影像文件】中设置输出文件路径和名称,如图 11.7 所示,单击【确定】按钮进行大气校正。

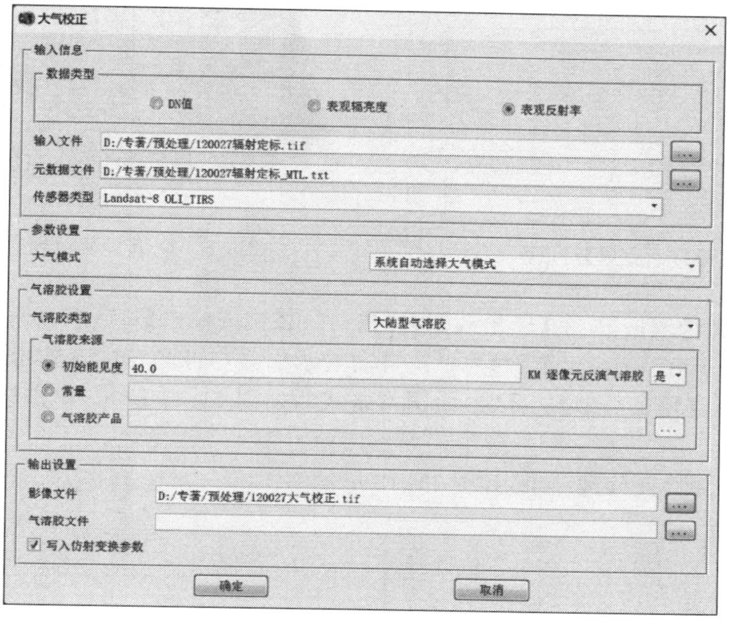

图 11.7　【大气校正】对话框

（3）输出大气校正处理结果,如图 11.8 所示。

图 11.8　大气校正结果

4. 图像镶嵌

（1）加载大气校正后的两景影像,在 PIE-Basic 7.0 主菜单中单击【图像预处理】→【图像镶嵌】→【生成镶嵌面】。

（2）镶嵌【生成方式】选择"智能线"生成方式。【导出镶嵌面】设置输出镶嵌面路径和名称,如图 11.9 所示,单击【确定】按钮进行镶嵌面生成。

（3）依次单击【图像镶嵌】→【镶嵌线编辑工具】→【折线编辑】,在需要修改的镶嵌线上绘制折线,折线修改镶嵌线效果如图 11.10 所示。

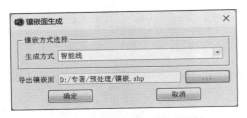

图 11.9 【镶嵌面生成】对话框

图 11.10 折线修改镶嵌线效果图

（4）单击【图像镶嵌】中的【输出成图】按钮，弹出【镶嵌输出】对话框，【输出分辨率】设置为系统默认的分辨率。【输出范围】为系统自动显示输出影像的范围，【输出路径】设置输出文件路径和名称，【输出类型】选择"原始图像格式"，如图 11.11 所示，单击【确定】按钮进行镶嵌输出。

（5）输出图像镶嵌处理结果，如图 11.12 所示。

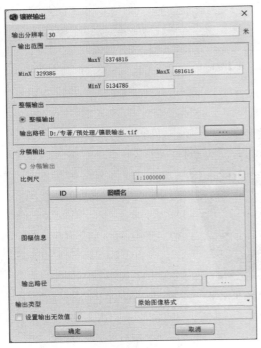

图 11.11 【镶嵌输出】对话框

图 11.12 图像镶嵌结果

5. 图像裁剪

（1）在 PIE-Basic 7.0 主菜单中单击【图像预处理】→【图像裁剪】。

（2）【输入文件】选择镶嵌后的影像文件"镶嵌输出.tif"，把【裁剪方式】中的【文件】勾上，【文件路径】选择如图 11.13 所示，其他按默认设置。【输出文件】设置输出文件路径和名称,如图 11.13 所示,单击【确定】按钮进行图像裁剪。

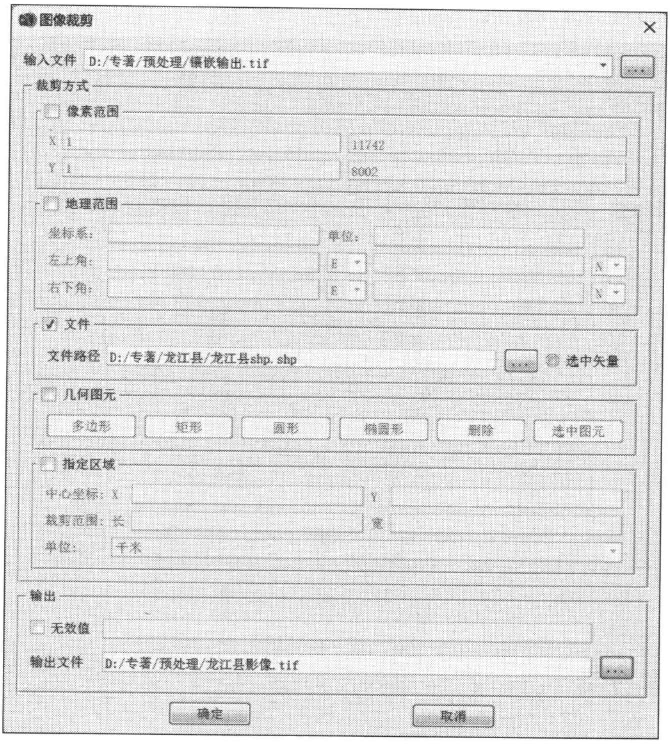

图 11.13　【图像裁剪】对话框

(3) 输出裁剪处理结果,如图 11.14 所示。

图 11.14

图 11.14　裁剪结果

6. 真彩色显示

在图层列表下的"龙江县影像"图层上右击,单击【属性】打开【图层属性】对话框,单击
【栅格渲染】,将【RGB 合成】中的红、绿、蓝波段顺序改为波段 4、波段 3、波段 2(Landsat 8 影

像第 2 波段是蓝波段,第 3 波段是绿波段,第 4 波段是红波段),其余参数保持默认不变,如图 11.15 所示,单击【确定】按钮进行真彩色合成。

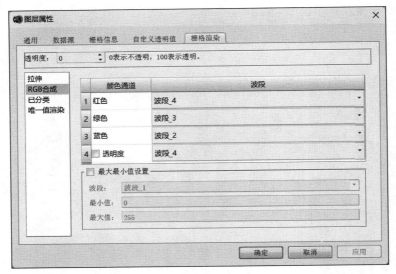

图 11.15　真彩色显示

11.6.2　监督分类

1. 建立训练样本

(1) 加载预处理后的影像文件"龙江县影像.tif",本实验建立耕地、森林、草地、水域、建设用地 5 类地物类别,类别标号为 1～5。

(2) 在 PIE-Basic 7.0 主菜单中,依次单击【图像处理】→【图像分类】→【ROI 工具】。

(3) 在【ROI 工具】对话框中,单击【增加】按钮,建立一个新样本,在【样本列表】中设置该样本的名称和颜色,如图 11.16 所示。

图 11.16　【ROI 工具】设置界面

（4）根据地物形状选择【矩形】，在影像窗口绘制 ROI，单击并拖动鼠标到一定范围，ROI 感兴趣区域即添加到训练样区中。重复上述方法，建立多个新样本。

（5）绘制完所有 ROI 后，单击【文件】按钮保存 ROI，设置存储路径及名称，最后单击【确定】按钮。

2. 最大似然分类

（1）在 PIE-Basic 7.0 主菜单中，依次单击【图像分类】→【监督分类】→【最大似然分类】。

（2）【选择文件】选择预处理后的影像文件"龙江县影像.tif"，【选择 ROI】选择上一步保存的采样结果"采样.pieroi"，其他参数用默认设置。【输出文件】设置输出文件路径和名称，如图 11.17 所示，单击【确定】按钮进行最大似然分类。

（3）输出分类结果，如图 11.18 所示。

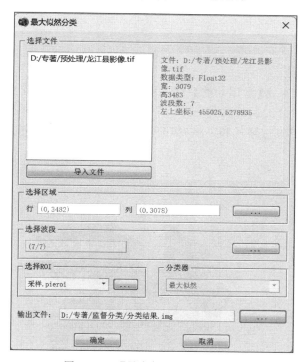

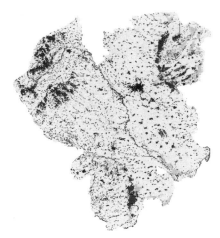

图 11.18

图 11.17　【最大似然分类】对话框

图 11.18　最大似然分类结果

11.6.3　分类后处理

（1）在 PIE-Basic 7.0 主菜单中，选择【图像分类】→【分类后处理】→【聚类】。

（2）【输入文件】选择最大似然分类后的文件"分类结果.img"，【类别选择】单击全选，【参数设置】中的【核大小】为 3*3。【输出文件】中设置输出文件路径和名称，如图 11.19 所示，单击【确定】按钮进行聚类处理。

（3）输出聚类结果，如图 11.20 所示。

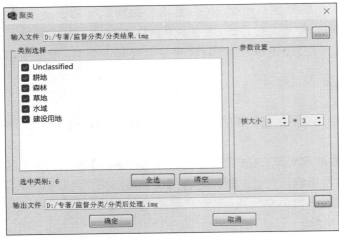

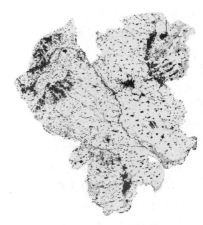

图 11.19 【聚类】对话框

图 11.20 聚类结果

11.6.4 提取耕地

（1）在 PIE-Basic 7.0 主菜单中,依次单击【常用功能】→【矢栅转换】→【栅格矢量化】。

（2）【输入分类文件】中选择最大似然分类后的文件"分类后处理.img",【输出选项】勾选值为 1 的耕地。【输出矢量】中设置输出矢量路径和名称,如图 11.21 所示,单击【确定】按钮进行栅格矢量化。

（3）输出耕地结果,如图 11.22 所示。

图 11.22

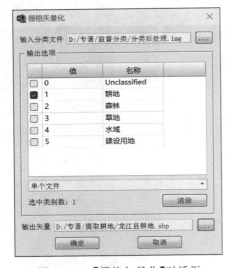

图 11.21 【栅格矢量化】对话框

图 11.22 耕地结果图

11.6.5 提取火点

1. 整理火点数据集

火点数据来自中国科学院遥感与数字地球研究所发布的近实时地表高温异常点查询

服务系统(SatSee-Fire),下载 2018 年 Landsat 8 的高温火点数据。

(1) 首先将 2018 年全国火点数据<全国火点 2018>和 2018 年龙江县行政区划<龙江县 shp>加入 PIE-Basic 7.0。

(2) 在 PIE-Basic 7.0 主菜单中,依次单击【综合判读】→【信息提取】→【裁剪】。

(3)【输入要素】选择"全国火点 2018",【裁剪要素】选择"龙江县 shp"。【输出要素】设置输出要素路径和名称,如图 11.23 所示,单击【确定】按钮执行裁剪操作。

(4) 输出龙江县火点结果,如图 11.24 所示。

图 11.23　【裁剪】对话框

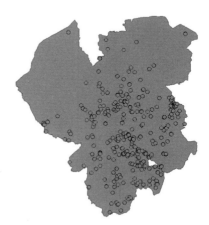

图 11.24　龙江县火点结果图

2. 阈值处理

通过属性选择将温度在 500~1000K 的火点选中并导出。

(1) 在图层列表下的"龙江县火点"图层右击,单击【属性表】。在【图层属性表】对话框中单击【编辑】→【属性选择】,打开【通过属性选择】对话框,【方法】选择"创建新选择内容",【字段名】选择"t1",【语句】设置为""t1">500 And "t1"<1000",如图 11.25 所示,单击【应用】按钮进行属性选择。

(2) 再次右击"龙江县火点"图层,单击【导出数据】打开【矢量数据导出】对话框,【导出】设置为"选择的要素"。【输出要素类】设置输出要素类的路径和名称,如图 11.26 所示,单击【确定】按钮进行导出。

(3) 输出阈值范围内的火点,如图 11.27 所示。

3. 剔除重复点

打开上一步结果数据<阈值处理火点>,右击打开属性表,导出属性表为".txt"文件,在 WPS 中打开,用经纬度标记重复项,在【通过属性选择】中选择重复的点,将其删除。在 WPS 中查找一年中超过 3 个不同时间点的稳定火点,然后在【通过属性选择】中将其删除(同一地点在一年中超过 3 个不同时间被检出高温点即认为是稳定火点)。本实验在进行阈值处理之后无重复火点。

4. 提取落入耕地的火点

最后用龙江县耕地图斑提取出落入耕地图斑范围内的火点。

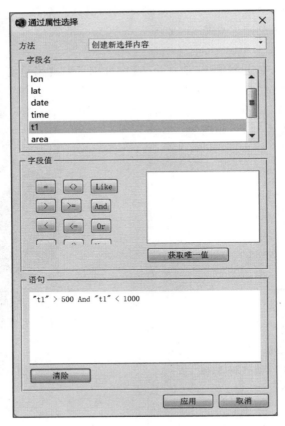

图 11.25 【通过属性选择】对话框

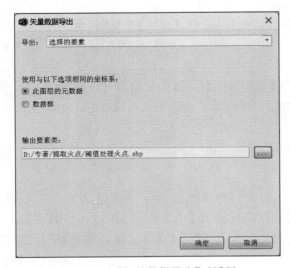

图 11.26 【矢量数据导出】对话框

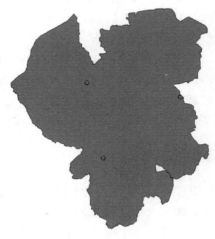

图 11.27 阈值处理结果

（1）在 PIE-Basic 7.0 主菜单中，依次单击【综合判读】→【信息提取】→【相交】。

（2）在【输入矢量】中选择提取耕地后的结果"龙江县耕地"和剔除重复点的结果"阈值

处理火点"。设置输出路径和文件名称,如图 11.28 所示,单击【确定】按钮执行相交。

图 11.28 【相交】对话框

(3)输出火点结果。

11.6.6 专题制图

提取火点结果图如图 11.29 所示。

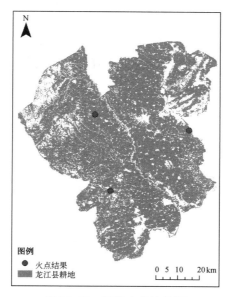

图 11.29 提取火点结果图

图 11.29

实验 **12**

近20年长白山地区生态环境状况评价

12.1　实验要求

综合考量长白山地区的生态环境、自然资源与社会经济发展的实际情况，基于 2000 年与 2010 年 Landsat 5 TM、2020 年 Landsat 8 OLI 遥感影像数据，完成以下任务。

（1）采用监督分类方法，提取长白山地区 2000 年、2010 年、2020 年土地利用类型信息。

（2）计算长白山地区 2000—2020 年的生态环境状况指数，对长白山地区 20 年的生态环境进行评价。

12.2　实验目标

（1）掌握监督分类的原理和操作方法。

（2）掌握植被覆盖度信息的提取过程。

（3）掌握坡度、坡向以及土壤侵蚀数据的计算过程。

（4）了解土地利用变化转移矩阵的制作过程。

（5）重点掌握生态环境状况指数（EI）的计算过程。

12.3　实验软件

软件：PIE-Basic 7.0、ArcGIS 10.8。

12.4　实验区域与数据

12.4.1　实验数据

（1）遥感影像数据：landsat5_2000LZW（长白山地区 2000 年 Landsat 5 TM 遥感影像

数据）;landsat5_2010LZW(长白山地区 2010 年 Landsat 5 TM 遥感影像数据)。landsat8_
2020LZW(长白山地区 2020 年 Landsat 8 OLI 遥感影像数据)。注:所有影像均已经过预处理。

（2）矢量数据:研究区矢量面数据(长白山地区矢量面数据)、研究区水系数据(长白山
地区河网分布数据)、研究区边界线数据(长白山地区矢量线数据)、吉林省矢量面数据、吉
林省矢量边界数据(省界、市界)。

（3）栅格数据:研究区 30m 分辨率 DEM 数据(长白山地区 30m 分辨率 DEM 数据);
研究区年均气温数据(长白山地区 2000 年、2010 年、2020 年平均气温);研究区年均降水数
据(长白山地区 2000 年、2010 年、2020 年平均降水);研究区土地利用数据(经提取过的长
白山地区 2000 年、2010 年、2020 年土地利用数据,注:该数据仅供参考)。

12.4.2　实验区域

长白山地区(图 12.1)行政区域地跨安图县、和龙市、抚松县、临江市和长白朝鲜族自治
县;位于吉林省东南部,地理坐标为东经 127°28′~128°16′,北纬 41°42′~42°25′;东南与朝
鲜毗邻,西部倚靠白山市和靖宇县,北部邻近敦化市,总面积约为 1.79 万 km²;地处于东亚
大陆边缘,濒临太平洋的强烈褶皱带,属于受季风影响的温带大陆性山地气候,除具有一般
山地气候的特点外,还有明显的垂直气候变化;冬季漫长凛冽,夏季短暂温凉,春季风大干
燥,秋季多雾凉爽;分布有鸭绿江、松花江,形成以鸭绿江水系为主的复杂水网;森林覆盖
率约为 60.00%,植被覆盖以森林为主,植物类型丰富。

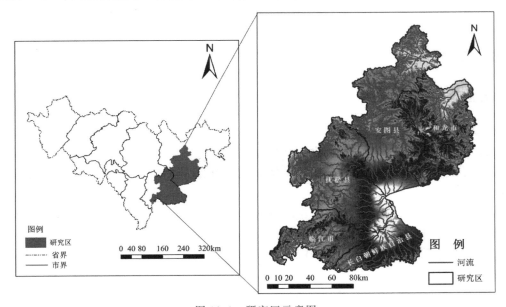

图 12.1　研究区示意图

12.5　实验原理

12.5.1　监督分类原理

提取土地利用信息的常用方法是监督分类方法。该方法的关键在于典型土地类型的

准确选取,即选择感兴趣区域。在感兴趣区域的选择操作中需要人工目视解译划定典型地物类型区域,我们参照《生态环境状况评价技术规范》(HJ 192—2015)中生态环境质量指数计算方法提供的土地分类系统来确定典型地物类型。使用 PIE-Basic 软件构建感兴趣区域,通过对感兴趣区域进行可分离性检测,对已构建的感兴趣区域不断调整,以保证分类结果精度。

12.5.2　土地利用转移矩阵及景观格局原理介绍

土地利用转移矩阵是马尔可夫模型在土地利用变化方面的应用。马尔可夫模型不仅可以定量地表明不同土地利用类型之间的转化情况,还可以揭示不同土地利用类型间的转移速率。土地利用转移矩阵来源于系统分析中对系统状态与状态转移的定量描述。

12.5.3　EI 评价指标模型的构建

在对生态环境状况进行评价分析的研究中,评价指标的选择是关键环节。选择科学的评价指标能够使计算出的 EI 准确地反映研究区生态环境状况。EI 指标体系包括生物丰度指数、植被覆盖指数、水网密度指数、土地胁迫指数以及污染负荷指数,通过查阅文献资料,结合收集到的资料数据,赋予这 5 个指数的权重分别为 0.35、0.25、0.15、0.15、0.10。

研究得出的长白山地区生态环境评价结果,不仅可以研判长白山地区的生态环境质量,而且可以为长白山地区的资源开发与利用、生态环境管理与决策提供参考。

12.6　实验步骤

12.6.1　数据预处理

1. 土地覆被信息数据提取

在 PIE-Basic 7.0 中加入原始数据中的遥感影像。

第一步:单击【图像分类】→【样本采集】→【ROI 工具】对话框,打开 ROI 工具设置界面,如图 12.2 所示。

第二步:绘制感兴趣区。单击【增加】按钮,建立一类新样本,在样本列表中设置该样本的名称和颜色。根据地物形状选择【多边形】【矩形】和【圆】中的一种,在影像窗口绘制 ROI。绘制完成后双击即可添加 ROI 感兴趣区域到训练样本中。重复上述方法,建立多种分类样本,如图 12.3 所示。相关功能介绍如下。

(1) 在【样本序号】中填写新建样本的编号。

(2) 在【ROI 名称】中填写新建样本的名称,双击 ROI 名称框可修改样本名称。

(3) 在【ROI 颜色】中设置样本的颜色,双击样本颜色框,在弹出的【选择颜色】对话框中即可修改该样本的颜色。

(4) 单击【选择】按钮,在主视图区需要选择的样本上单击,即可选中该样本,再次单击【选择】按钮,取消样本选择功能。

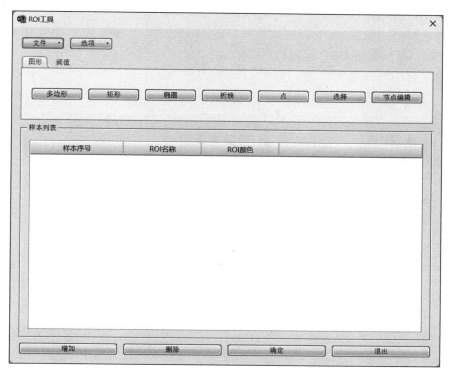

图 12.2　【ROI 工具】对话框

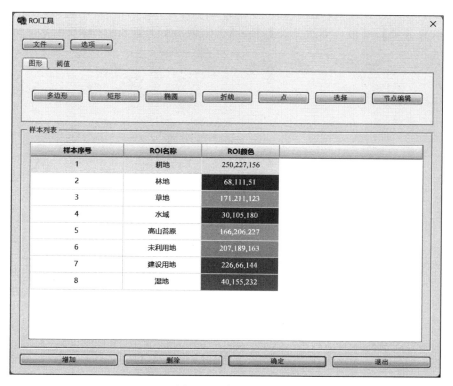

图 12.3　样本选择

（5）单击【增加】按钮即可建立一类新样本。

（6）单击【删除】按钮，选中待删除的某类 ROI 样本，如要删除某个 ROI 样本，需要通过选中该样本，然后使用 Delete 键进行删除。

第三步：样本制作完成后，单击【确定】按钮，即可完成对感兴趣区域的绘制，如图 12.4所示。

图 12.4　样本选择结果

第四步：进行监督分类。感兴趣区域选择完成后，开始执行监督分类操作，单击【图像分类】→【监督分类】→【最大似然分类】，打开【最大似然分类】对话框，如图 12.5 所示。

图 12.5　【最大似然分类】对话框

（1）在【选择文件】中选择原始影像数据。如果要进行处理的文件不在文件列表中,则可以通过单击【导入文件】按钮,添加需要处理的文件到文件列表中。

（2）在【选择区域】中设置待分类处理的区域,本次为全图分类。

（3）在【选择波段】中选择需要分类的波段,本次为全波段进行分类。

（4）在【选择ROI】中选择ROI文件,软件会自动读取制作的ROI样本文件。

（5）在【分类器】中系统自动选择"最大似然"。

（6）在【输出文件】中设置输出影像的保存路径及文件名。所有参数设置完成后,单击【确定】按钮进行最大似然分类,结果如图12.6所示。

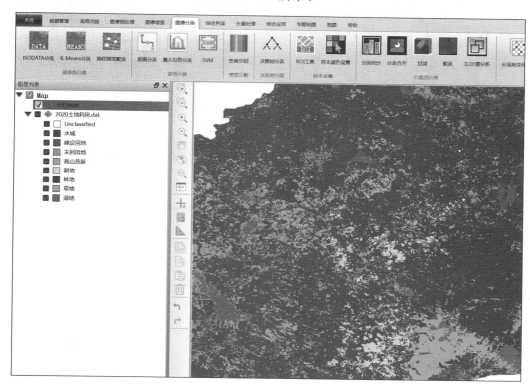

图 12.6

图12.6　监督分类结果

最终得到长白山地区2000年、2010年和2020年的土地利用覆被图,如图12.7～图12.9所示。

2. 计算植被覆盖度

本实验仅提供2000年的植被覆盖度数据的计算方法,2010年以及2020年的植被覆盖度计算参考2000年数据。归一化处理公式为

$$FVC = \frac{NDVI - NDVI_S}{NDVI_V - NDVI_S} \tag{12.1}$$

式中:FVC为影像中某像元的植被覆盖度;$NDVI_V$与$NDVI_S$分别为影像中纯净植被像元和纯净土壤像元的NDVI值。

第一步:在PIE-Basic 7.0中加载处理好的2000年研究区遥感影像。

图 12.7

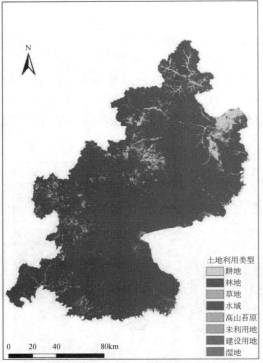

图 12.7　长白山地区 2000 年土地利用覆被图

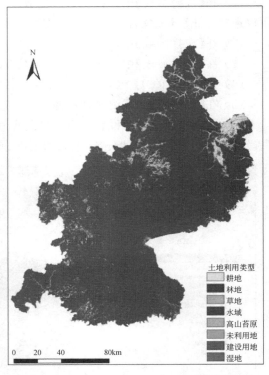

图 12.8　长白山地区 2010 年土地利用覆被图

图 12.8

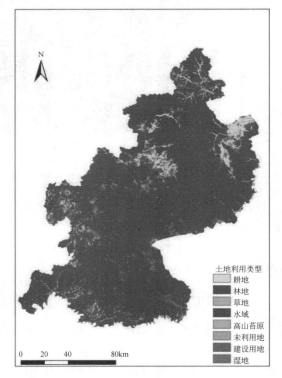

图 12.9

图 12.9　长白山地区 2020 年土地利用覆被图

第二步：NDVI 计算。

（1）单击【常用功能】→【图像运算】→【波段运算】，弹出【波段运算】对话框，在【输入表达式】文本框中输入"(b1−b2)/(b1+b2)"，并将此公式加入列表。

（2）弹出【波段变量设置】对话框，在对话框中选择相应的波段，b1 选择波段 4，b2 选择波段 3，单击【确定】按钮，即可完成对 NDVI 的计算，如图 12.10、图 12.11 所示。

图 12.10　【波段运算】对话框

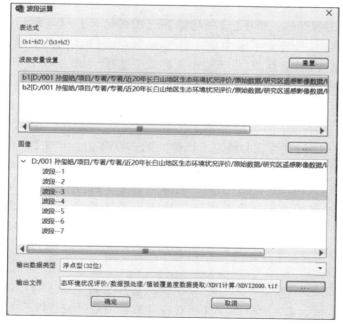

图 12.11　波段赋值

（3）最后得到 NDVI 值,如图 12.12 所示。

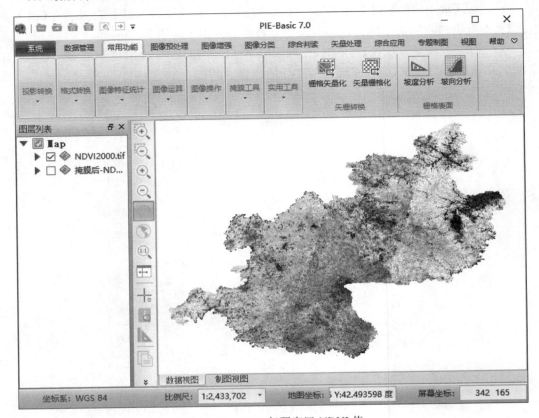

图 12.12　2000 年研究区 NDVI 值

第三步：生成二值图像。单击【常用功能】→【图像运算】→【波段运算】,弹出【波段运算】对话框,在【输入表达式】文本框中输入“b1＞0”,单击【确定】按钮后,会弹出赋值对话框,给 b1 赋予其 NDVI 计算结果,设置输出文件时应选择“字节型（8 位）”。

第四步：应用掩膜文件。单击【常用功能】→【掩膜工具】→【应用掩膜】,弹出【应用掩膜】对话框,输入 NDVI 结果文件,【输入掩膜文件】为二值结果文件,设置掩膜值为默认值 0,设置好输出文件,结果如图 12.13 所示。

第五步：获取纯净植被像元和纯净土壤像元的 NDVI 值。单击【常用功能】→【图像统计特征】→【直方图统计】,弹出【直方图统计】对话框,输入文件为掩膜后的结果文件,【通道选择】只有一个波段,取消勾选【统计为 0 的背景值】,单击【应用】按钮即可完成直方图的统计。对直方图统计的结果自行计算累计直方图,累计直方图达到 3％时的 NDVI 值为纯净土壤像元的 NDVI 值,累计直方图达到 97％时的 NDVI 值为纯净植被像元的 NDVI 值（2000 年纯净土壤像元的 NDVI 值为 0.384076,纯净植被像元 NDVI 值为 0.678933）,如图 12.14 所示。

第六步：归一化处理（计算 FVC 值）。在波段运算工具下输入对应的 FVC 公式,计算结果如图 12.15 所示（注意：式中 NDVI 所对应的波段为经过掩膜以后的波段）。

最终得到研究区 2000 年、2010 年、2020 年的植被覆盖度结果如图 12.16～图 12.18 所示。

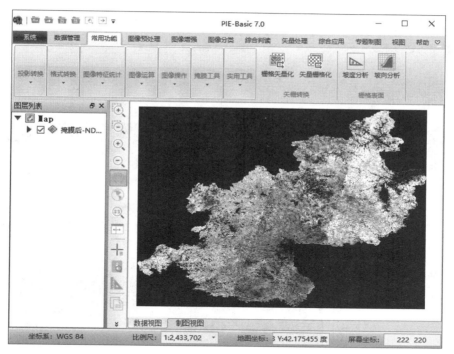

图 12.13　应用掩膜文件后

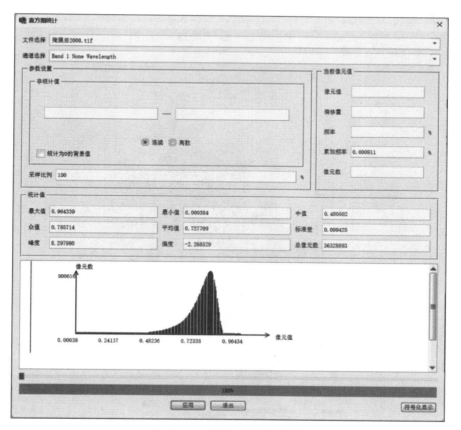

图 12.14　【直方图统计】结果

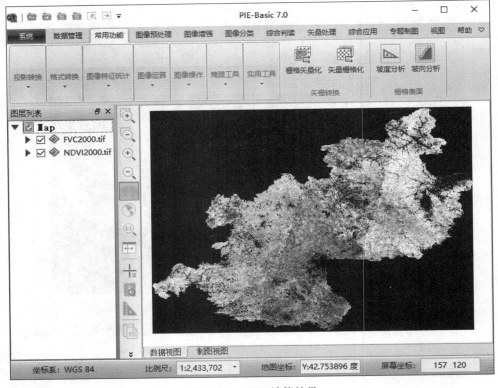

图 12.15　FVC 计算结果

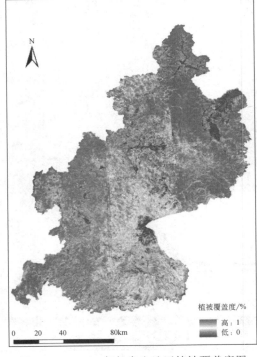

图 12.16　2000 年长白山地区植被覆盖度图

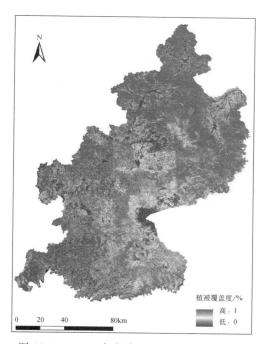

图 12.17　2010 年长白山地区植被覆盖度图

图 12.18　2020 年长白山地区植被覆盖度图

3. 土壤侵蚀数据的提取

第一步：提取坡度、坡向数据。在 PIE-Basic 7.0 中加载已经处理好的研究区 DEM 数据，单击【常用功能】→【栅格表面】→【坡度分析】工具提取坡度，使用【坡向分析】工具提取坡向。最后生成的坡度图和坡向图分别如图 12.19 和图 12.20 所示。

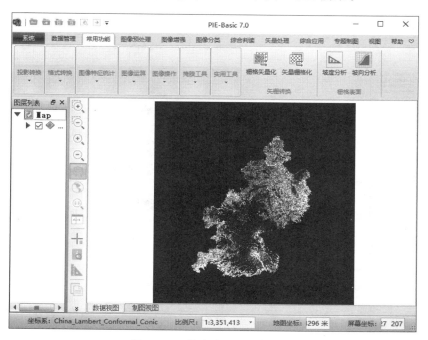

图 12.19　长白山地区坡度数据

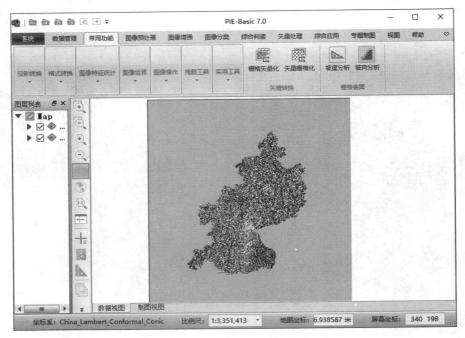

图 12.20　长白山地区坡向图

以下步骤均基于 ArcGIS 软件进行操作。

第二步：各二级因子数据的处理。首先在 ArcGIS 10.8 下建立地理数据库，将提取后的坡度以及坡向数据导入地理数据库中，再利用 ArcGIS 10.8 中的栅格数据的重分类功能，依据图 12.21 条件进行重分类，重分类的结果如图 12.22～图 12.26 所示。

（栅格数据重分类工具路径：**3D Analysis Tools→Raster Reclass→Reclassify**）

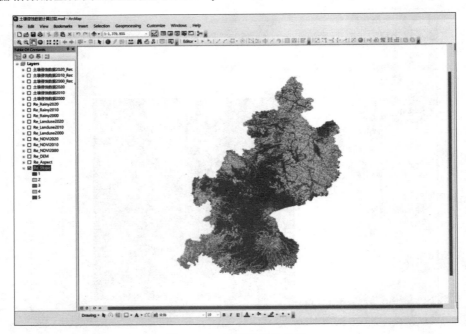

图 12.21　坡度数据重分类

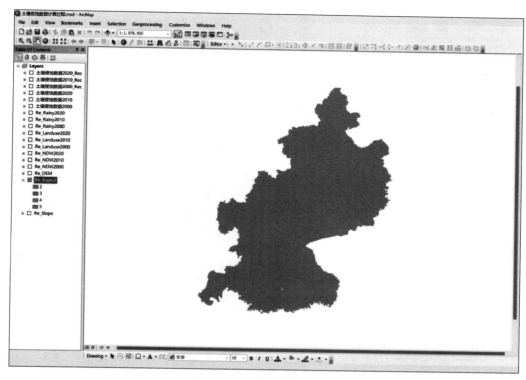

图 12.22　坡向数据重分类

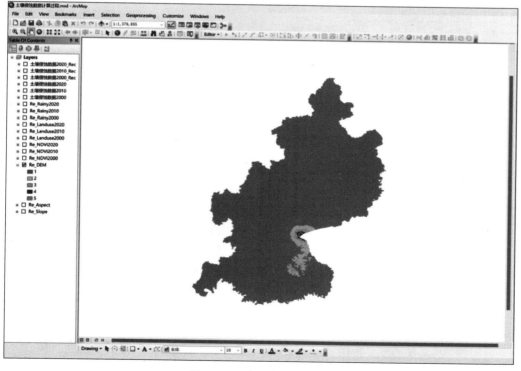

图 12.23　高程数据重分类

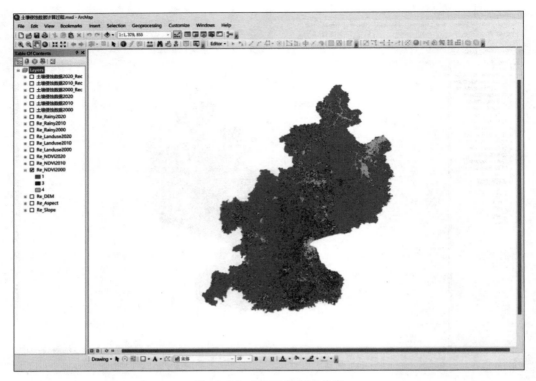

图 12.24　NDVI 数据重分类

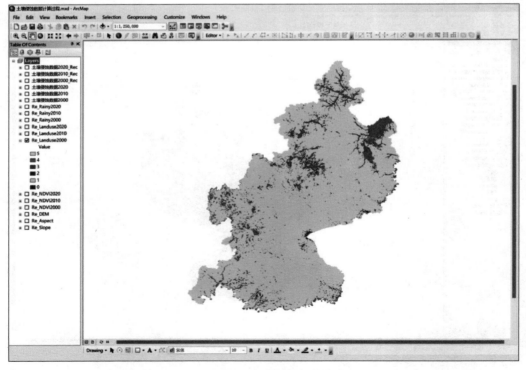

图 12.25　土地利用数据重分类

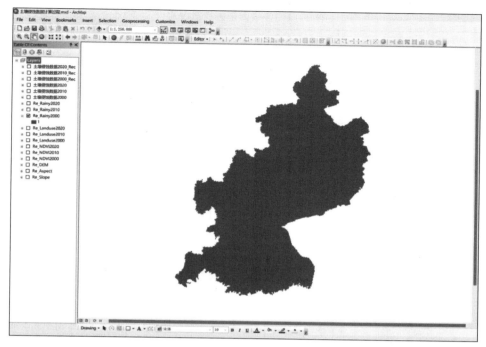

图 12.26　降水数据重分类

第三步：加权处理。利用栅格计算器对重分类后的数据按照图 12.27 所给定的指数进行加权处理，处理结果如表 12.1 所示。

（**工具路径：Special Analysis Tools→Map Algebra→Raster Calculator**）

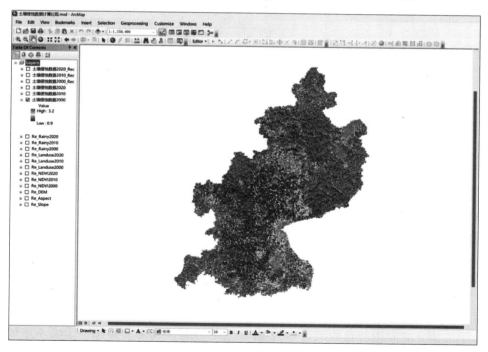

图 12.27　加权处理后

表12.1　各级因子去权重占比

生态因子	二级因子	分　类	敏感性等级	赋值	权重	生态因子	二级因子	分　类	敏感性等级	赋值	权重
地形因子	坡度/(°)	>60	极高敏感	5	0.1	用地类型	植被	NDVI≥0.5	非敏感	1	0.3
		(45,60]	高敏感	4				0.3≤NDVI<0.5	低敏感	3	
		(25,45]	中敏感	3				0<NDVI<0.3	高敏感	4	
		(10,25]	较低敏感	2				NDVI≤0	极高敏感	5	
		[0,10]	低敏感	1							
	高程/m	>2400	极高敏感	5	0.1	气象	降水/mm	>5500	极高敏感	5	0.2
		(2100,2400]	高敏感	4				(5000,5500]	高敏感	4	
		(1800,2100]	中敏感	3				(4500,5000]	中敏感	3	
		(1500,1800]	较低敏感	2				(4000,4500]	较低敏感	2	
		≤1500	低敏感	1				≤4000	低敏感	1	
	坡向/(°)	阳坡(135,225]	极高敏感	5	0.1	土地利用类型	土地	未利用地	极高敏感	5	0.2
		半阳坡(90,135],(225,270]	高敏感	4				建设用地	高敏感	4	
								耕地	中敏感	3	
		半阴坡(45,90],(270,315]	中敏感	3				草地	较低敏感	2	
		阴坡(0,45],(315,360]	低敏感	2				林地	低敏感	1	
		平地(−1)	非敏感	1				水域/湿地	非敏感	0	

第四步：对加权的数据进行重分类。利用重分类功能，将加权后的数据按照图12.21所示的划分标准进行重分类（表12.2），根据地区的需求，将强度侵蚀与剧烈侵蚀合并为重度侵蚀。

表12.2　土壤侵蚀程度划分标准

类　　型	分　　类	土壤侵蚀等级
土壤侵蚀	>2.8	重度侵蚀
	(2.6,2.8]	中度侵蚀
	(2.4,2.6]	轻度侵蚀
	≤2.4	无明显侵蚀

最终获得的结果如图12.28~图12.30所示。

4. 土地利用变化转移矩阵的提取

土地利用转移矩阵是马尔可夫模型在土地利用变化方面的应用。马尔可夫模型不仅可以定量地表明不同土地利用类型之间的转化情况，还可以揭示不同土地利用类型间的转移速率。土地利用转移矩阵来源于系统分析中对系统状态与状态转移的定量描述。

建立土地利用转移矩阵所需的数据主要来自监督分类的土地利用数据，具体步骤如下。

第一步：在ArcGIS 10.8平台下加载2000年、2010年和2020年3期土地利用数据，如图12.31所示。

第二步：字段赋值。

由于监督分类时用的是数字代码表示的土地类型，因此需要添加一个文本字段描述，如图12.32所示。

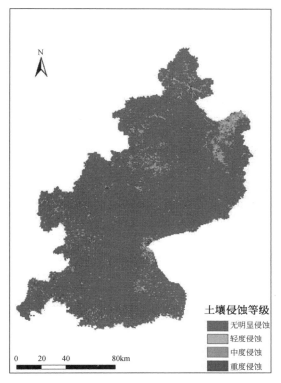

图 12.28　长白山地区 2000 年土壤侵蚀等级分布图

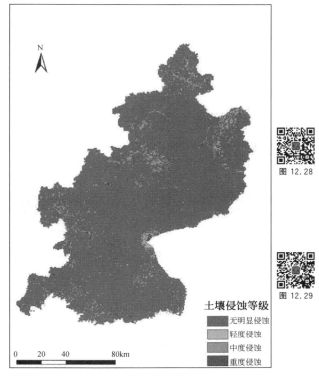

图 12.29　长白山地区 2010 年土壤侵蚀等级分布图

图 12.28

图 12.29

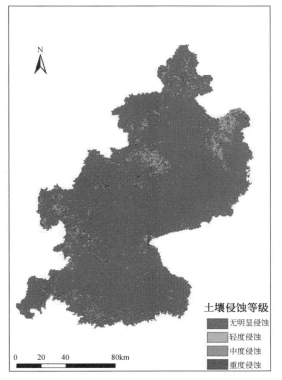

图 12.30

图 12.30　长白山地区 2020 年土壤侵蚀等级分布图

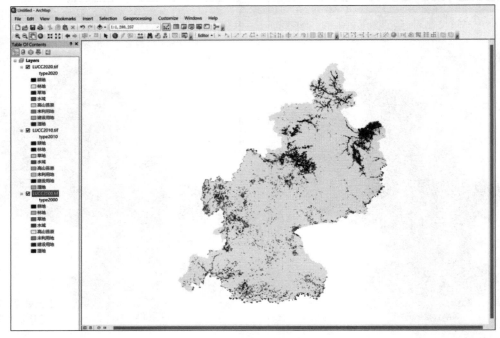

图 12.31　在 ArcGIS 10.8 中加载土地利用数据

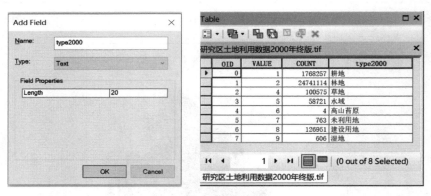

图 12.32　添加字段并赋值

（1）分别打开转换后 3 期土地利用矢量数据的属性表，新建文本类型字段，命名为 type 加上各自年份，例如 2000 年土地利用数据的土地利用类型字段可命名为 type2000，后续内容也将以 2000 年的数据为例进行说明，2010 年、2020 年数据操作与之相同。长度设为 20，单击【OK】按钮。

（2）启动编辑，分别将代码所对应的类型名称填入，具体对应方式见：专著/近 20 年长白山地区生态环境状况评价/数据预处理/土地覆被信息提取/CLCD_classificationsystem. xlsx.

第三步：栅格数据矢量化。

使用 Raster to Polygon 工具，分别将 2000 年、2010 年和 2020 年土地利用数据转换成矢量面数据，如图 12.33、图 12.34 所示，需要注意的是，要将【Create multipart features】复选框选中，避免转换后需要进行融合。

（工具路径：**Conversion Tools→From Raster→Raster to Polygon**）

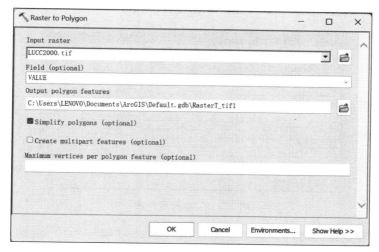

图 12.33　栅格转矢量

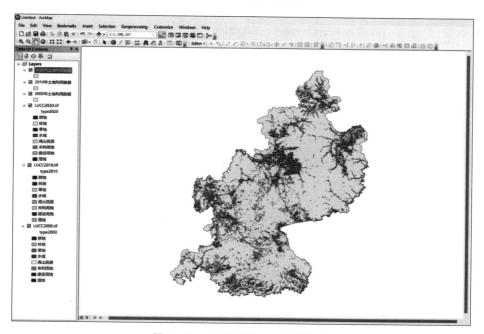

图 12.34　转矢量后土地利用类型

第四步：修改属性表。

（1）在土地利用矢量数据的属性表中添加一个土地利用类型字段，并建议在字段名中添加数据年份，例如 2000 年土地利用数据的土地利用类型字段可命名为 type2000，2010年、2020 年数据操作与之相同。

（2）将矢量数据与土地利用类型编码对应表通过各自的地类编码字段进行连接（Join），并通过字段计算器（Field Calculator）将土地利用类型赋给 type2000，移除连接，如图 12.35 所示。

（属性表连接：**Joins and Relates→Join**）

（移除属性表连接：**Joins and Relates→Remove Join(s)**）

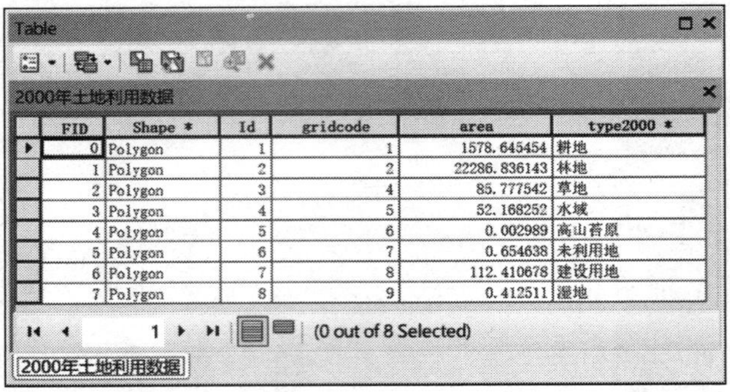

FID	Shape *	Id	gridcode	area	type2000 *
0	Polygon	1	1	1578.645454	耕地
1	Polygon	2	2	22286.836143	林地
2	Polygon	3	4	85.777542	草地
3	Polygon	4	5	52.168252	水域
4	Polygon	5	6	0.002989	高山苔原
5	Polygon	6	7	0.654638	未利用地
6	Polygon	7	8	112.410678	建设用地
7	Polygon	8	9	0.412511	湿地

图 12.35　修改属性表

第五步：数据连接。通过标识工具(Identity)将 2000 年与 2010 年、2010 年与 2020 年的土地利用类型数据连接起来。输入要素为 2000 年的数据，标识要素为 2010 年的数据，结果如图 12.36 所示。

（**工具路径：Analysis Tools→Overlay→Identity**）

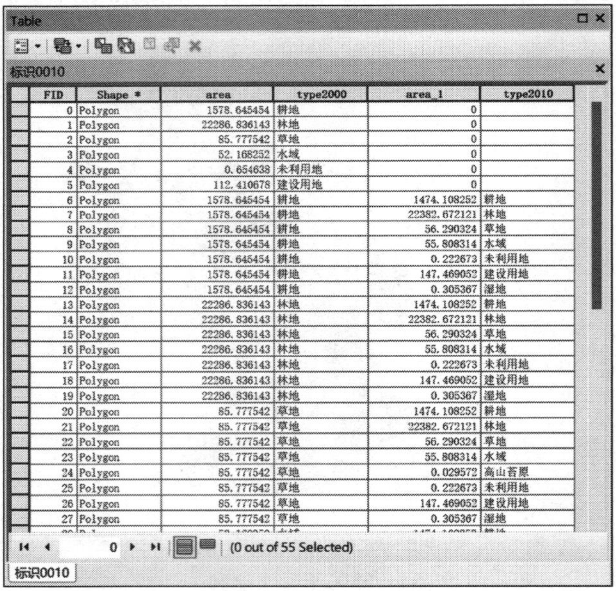

FID	Shape *	area	type2000	area_1	type2010
0	Polygon	1578.645454	耕地	0	
1	Polygon	22286.836143	林地	0	
2	Polygon	85.777542	草地	0	
3	Polygon	52.168252	水域	0	
4	Polygon	0.654638	未利用地	0	
5	Polygon	112.410678	建设用地	0	
6	Polygon	1578.645454	耕地	1474.108252	耕地
7	Polygon	1578.645454	耕地	22382.672121	林地
8	Polygon	1578.645454	耕地	56.290324	草地
9	Polygon	1578.645454	耕地	55.808314	水域
10	Polygon	1578.645454	耕地	0.222673	未利用地
11	Polygon	1578.645454	耕地	147.469052	建设用地
12	Polygon	1578.645454	耕地	0.305367	湿地
13	Polygon	22286.836143	林地	1474.108252	耕地
14	Polygon	22286.836143	林地	22382.672121	林地
15	Polygon	22286.836143	林地	56.290324	草地
16	Polygon	22286.836143	林地	55.808314	水域
17	Polygon	22286.836143	林地	0.222673	未利用地
18	Polygon	22286.836143	林地	147.469052	建设用地
19	Polygon	22286.836143	林地	0.305367	湿地
20	Polygon	85.777542	草地	1474.108252	耕地
21	Polygon	85.777542	草地	22382.672121	林地
22	Polygon	85.777542	草地	56.290324	草地
23	Polygon	85.777542	草地	55.808314	水域
24	Polygon	85.777542	草地	0.029572	高山苔原
25	Polygon	85.777542	草地	0.222673	未利用地
26	Polygon	85.777542	草地	147.469052	建设用地
27	Polygon	85.777542	草地	0.305367	湿地

图 12.36　通过标识工具连接后的土地利用数据属性表

可以看到连接后的数据表中有很多空值，这是在栅格转矢量时数据边界形状的变化引起的误差，选中这一部分数据，打开编辑器，将其删除即可。

第六步：数据整理。

(1) 在数据连接后的属性表中添加两个字段：文本型数据字段“type00_10”、双精度数据字段“area00_10”，用于存储土地利用类型的转移方向及转移面积。

(2) 通过字段计算器为“type00_10”字段赋值，赋值代码可设置为“[type2000]&"→"&

[type2010]”，即可在这一字段中显示土地利用类型的转移方向；通过几何计算工具(Calculate Geometry)计算转移面积，单位设置为平方千米(km^2)，并赋给“area00_10”字段。

(3) 同理，2010 年和 2020 年的标识数据也如此设置。

(4) 可将其他字段删除或隐藏，结果如图 12.37 所示。

FID	Shape *	type2010	type2020	type10_20	area
0	Polygon	耕地	耕地	耕地→耕地	1248.598075
1	Polygon	耕地	林地	耕地→林地	128.378423
2	Polygon	耕地	草地	耕地→草地	53.511047
3	Polygon	耕地	水域	耕地→水域	1.906078
4	Polygon	耕地	未利用地	耕地→未利用	0.006717
5	Polygon	耕地	建设用地	耕地→建设用	41.354365
6	Polygon	耕地	湿地	耕地→湿地	0.000399
7	Polygon	林地	耕地	林地→耕地	524.062917
8	Polygon	林地	林地	林地→林地	21813.493679
9	Polygon	林地	草地	林地→草地	33.236192
10	Polygon	林地	水域	林地→水域	0.790909
11	Polygon	林地	未利用地	林地→未利用	0.00074
12	Polygon	林地	建设用地	林地→建设用	10.698832
13	Polygon	林地	湿地	林地→湿地	0.015478
14	Polygon	草地	耕地	草地→耕地	6.274942
15	Polygon	草地	林地	草地→林地	4.607663
16	Polygon	草地	草地	草地→草地	42.049797
17	Polygon	草地	水域	草地→水域	0.021165
18	Polygon	草地	高山苔原	草地→高山苔	0.001917
19	Polygon	草地	未利用地	草地→未利用	1.182324
20	Polygon	草地	建设用地	草地→建设用	2.13804
21	Polygon	草地	湿地	草地→湿地	0.000616
22	Polygon	水域	耕地	水域→耕地	2.373813
23	Polygon	水域	林地	水域→林地	0.711943
24	Polygon	水域	草地	水域→草地	0.226109
25	Polygon	水域	水域	水域→水域	50.573969
26	Polygon	水域	未利用地	水域→未利用	0.077766
27	Polygon	水域	建设用地	水域→建设用	1.663275
28	Polygon	高山苔原	草地	高山苔原→草	0.000782

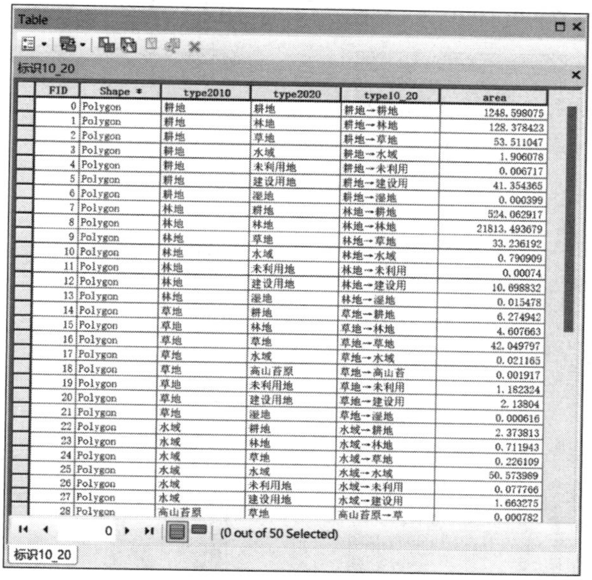

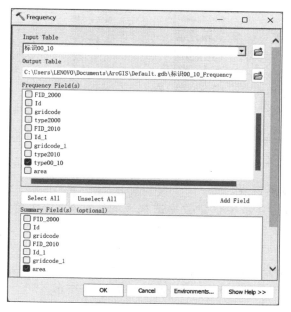

图 12.37　土地利用类型的转移方向及转移面积

第七步：使用频数统计工具(Frequency)，频数字段为“type00_10”，汇总字段为“area00_10”，生成各转移方向的总面积，如图 12.38 所示。

(频数统计工具：Analysis Tools→Statistics→Frequency)

图 12.38　频数统计工具

生成的汇总表为 DBF 格式，可直接在 Excel 软件中打开，如有乱码，可在 ArcGIS 10.8 中再导出为 TXT 格式。

第八步：利用表转 Excel 工具，将上一步生成的 DBF 格式的表转换成 Excel 格式，并删除无关列，最终结果如图 12.39 所示。

（工具路径：Conversion Tools→Excel→Table To Excel）

type00_10	area
草地→草地	42.60616642
草地→高山苔原	0.01077866
草地→耕地	14.64592746
草地→建设用地	3.386837616
草地→林地	24.92034626
草地→湿地	2.77016E-05
草地→水域	0.132299996
草地→未利用地	0.056159657
高山苔原→草地	0.000100412
高山苔原→高山苔原	0.002311932
高山苔原→建设用地	0.00052095
高山苔原→未利用地	5.53924E-05
耕地→草地	10.38323142
耕地→耕地	1213.027925
耕地→建设用地	30.7346905
耕地→林地	319.3323396
耕地→湿地	0.004164675
耕地→水域	4.763792775
耕地→未利用地	0.003342705
建设用地→草地	0.097056399
建设用地→耕地	1.865940168
建设用地→建设用地	109.1960603
建设用地→林地	0.17845873
建设用地→水域	1.008881909
建设用地→未利用地	0.000845009
林地→草地	2.986432853
林地→耕地	243.0500242
林地→建设用地	3.356910619
林地→林地	22035.79685
林地→湿地	0.029071475
林地→水域	1.145188669
林地→未利用地	0.001465833
湿地→草地	0.001347504
湿地→耕地	0.074527409
湿地→林地	0.061480954
湿地→湿地	0.272103049
湿地→水域	0.003052237
水域→草地	0.035135709
水域→耕地	1.097678795
水域→建设用地	0.394500865
水域→林地	1.921702179
水域→水域	48.6281466
未利用地→草地	0.17481365
未利用地→高山苔原	0.016253653
未利用地→耕地	0.00276533
未利用地→建设用地	0.299794569
未利用地→林地	2.12586E-07
未利用地→水域	7.02814E-05
未利用地→未利用地	0.160098224

type10_20	area
草地→草地	42.04979741
草地→高山苔原	0.001916627
草地→耕地	6.274964487
草地→建设用地	2.138040297
草地→林地	4.607662889
草地→湿地	0.000616222
草地→水域	0.021165403
草地→未利用地	1.182324091
高山苔原→草地	0.000782114
高山苔原→高山苔原	0.003616149
高山苔原→建设用地	0.000601269
高山苔原→未利用地	0.024572359
耕地→草地	53.51104725
耕地→耕地	1248.598075
耕地→建设用地	41.35436455
耕地→林地	128.3784232
耕地→湿地	0.000398894
耕地→水域	1.90607771
耕地→未利用地	0.006717167
建设用地→草地	0.435948095
建设用地→耕地	2.226499154
建设用地→建设用地	143.9722239
建设用地→林地	0.279907317
建设用地→水域	0.470177714
建设用地→未利用地	0.03153658
林地→草地	33.23619241
林地→耕地	524.0629169
林地→建设用地	10.69883152
林地→林地	21813.49368
林地→湿地	0.015477997
林地→水域	0.790909377
林地→未利用地	0.000740448
湿地→草地	0.00179326
湿地→耕地	0.054727026
湿地→建设用地	0.000758611
湿地→林地	0.017802923
湿地→湿地	0.227642689
湿地→水域	0.002642415
水域→草地	0.226108543
水域→耕地	2.373812631
水域→建设用地	1.663275467
水域→林地	0.711943325
水域→水域	50.57398942
水域→未利用地	0.077766188
未利用地→草地	0.012378819
未利用地→高山苔原	0.006726758
未利用地→耕地	0.001681034
未利用地→建设用地	0.075860228
未利用地→林地	0.001116229
未利用地→未利用地	0.124161743

图 12.39　转换后的 Excel 表截图

第九步：创建数据透视表。

对数据进一步整理，并选中创建数据透视表的行和列，依次单击【插入】→【数据透视表】，选择放置位置，设置横纵坐标、数据的值字段以及值字段计算方式，设置后即可完成对数据透视表的创建。

第十步：将空余部分都补为 0，并美化表格，得到长白山地区 2000 年与 2010 年、2010 年与 2020 年的土地利用转移矩阵，如表 12.3 和表 12.4 所示。

表 12.3　2000 年与 2010 年长白山地区土地利用转移矩阵

类型	草地	高山苔原	耕地	建设用地	林地	湿地	水域	未利用地	2000 年
草地	**42.61**	0.01	14.65	3.39	24.92	0.00	0.13	0.06	85.76
高山苔原	0.00	**0.00**	0.00	0.00	0.00	0.00	0.00	0.00	0.00
耕地	10.38	0.00	**1213.03**	30.73	319.33	0.00	4.76	0.00	1578.25
建设用地	0.10	0.00	1.87	**109.20**	0.18	0.00	1.01	0.00	112.35
林地	2.99	0.00	243.05	3.36	**22035.80**	0.03	1.15	0.00	22286.37
湿地	0.00	0.00	0.07	0.00	0.06	**0.27**	0.00	0.00	0.41
水域	0.04	0.00	1.10	0.39	1.92	0.00	**48.63**	0.00	52.08
未利用地	0.17	0.02	0.00	0.30	0.00	0.00	0.00	**0.16**	0.65
2010 年	56.28	0.03	1473.76	147.37	22382.21	0.31	55.68	0.22	24115.87

注：表中加黑数字是两个年份间各地类之间转化的面积。

表 12.4　2010 年与 2020 年长白山地区土地利用转移矩阵

类型	草地	高山苔原	耕地	建设用地	林地	湿地	水域	未利用地	2020 年
草地	**42.05**	0.00	53.51	0.44	33.24	0.00	0.23	0.01	129.47
高山苔原	0.00	**0.00**	0.00	0.00	0.00	0.00	0.00	0.01	0.01
耕地	6.27	0.00	**1248.60**	2.23	524.06	0.05	2.37	0.00	1783.59
建设用地	2.14	0.00	41.35	**143.97**	10.70	0.00	1.66	0.00	199.90
林地	4.61	0.00	128.38	0.28	**21813.49**	0.02	0.71	0.00	21947.49
湿地	0.00	0.00	0.00	0.00	0.02	**0.23**	0.00	0.00	0.24
水域	0.02	0.00	1.91	0.47	0.79	0.00	**50.57**	0.00	53.76
未利用地	1.18	0.02	0.01	0.03	0.00	0.00	0.08	**0.12**	1.45
2010 年	56.28	0.03	1473.76	147.42	22382.30	0.31	55.63	0.22	24115.93

注：表中加黑数字是两个年份间各地类之间转化的面积。

12.6.2　生态环境状况评价指标计算

1. 长白山各地类面积分区统计数据

由于后续在计算生物丰度指数、水网密度指数的过程中均需用到研究区土地利用类型数据，因此提前使用 PIE-Basic 软件处理得到土地利用类型数据，并利用数据透视表得到土地利用转移矩阵。

采用 PIE-Basic 软件提供的监督分类方法，对预处理过的研究区遥感影像图进行土地利用/覆盖分类数据的提取。在监督分类中参照《生态环境状况评价技术规范》(HJ 192—2015)。

将获得的土地利用类型遥感数据在 ArcGIS 中进行掩膜处理裁切后，使用栅格转矢量工具将栅格数据转换成矢量面数据，然后利用处理后的研究区矢量数据与土地利用类型矢量面数据进行更新操作，获得带有土地利用类型以及长白山各地区行政单位名称的数据，最后使用融合工具对更新后的数据按照土地类型以及行政单位名称融合，最终获得 2000 年、2010 年、2020 年长白山各地类面积分区统计表，见表 12.5～表 12.7。

表 12.5　2000 年长白山地区各地类面积分区统计表　　　　　单位：km²

土地类型	安图县	抚松县	和龙市	临江市	长白朝鲜族自治县	总计
草地	19.6171	24.0980	22.3019	5.7698	13.9696	85.7563
高山苔原	0.0006	0.0023	0.0000	0.0000	0.0000	0.0029

续表

土地类型	安图县	抚松县	和龙市	临江市	长白朝鲜族自治县	总计
耕地	603.8490	227.6742	538.5871	124.1683	84.2477	1578.5262
建设用地	32.1933	28.0099	32.7171	12.5040	6.9653	112.3896
林地	6768.4237	5839.7045	4459.8765	2841.1348	2376.7559	22285.8954
湿地	0.3421	0.0150	0.0536	0.0018	0.0000	0.4125
水域	10.9812	36.0107	2.7120	0.9466	1.1446	51.7951
未利用地	0.3080	0.3310	0.0145	0.0000	0.0000	0.6535
总计	7435.7150	6155.8455	5056.2627	2984.5253	2483.0831	24115.4316

表 12.6 2010 年长白山地区各地类面积分区统计表 单位：km^2

土地类型	安图县	抚松县	和龙市	临江市	长白朝鲜族自治县	总计
草地	15.3991	12.9029	15.7974	4.7574	7.4192	56.2761
高山苔原	0.0038	0.0253	0.0000	0.0000	0.0000	0.0292
耕地	489.2743	248.5804	511.3920	141.7613	82.9852	1473.9932
建设用地	42.1139	38.1202	40.6775	16.5448	9.9907	147.4471
林地	6876.2434	5819.3115	4485.1414	2819.5001	2381.5435	22381.7399
湿地	0.2492	0.0113	0.0439	0.0010	0.0000	0.3054
水域	12.3597	36.7732	3.1730	1.9670	1.1616	55.4345
未利用地	0.0751	0.1341	0.0102	0.0024	0.0000	0.2219
总计	7435.7185	6155.8590	5056.2354	2984.5340	2483.1002	24115.4471

表 12.7 2020 年长白山地区各地类面积分区统计表 单位：km^2

土地类型	安图县	抚松县	和龙市	临江市	长白朝鲜族自治县	总计
草地	19.6171	24.0980	22.3019	5.7698	13.9696	85.7563
高山苔原	0.0006	0.0023	0.0000	0.0000	0.0000	0.0029
耕地	603.8490	227.6742	538.5871	124.1683	84.2477	1578.5262
建设用地	32.1933	28.0099	32.7171	12.5040	6.9653	112.3896
林地	6768.4237	5839.7045	4459.8765	2841.1348	2376.7559	22285.8954
湿地	0.3421	0.0150	0.0536	0.0018	0.0000	0.4125
水域	10.9812	36.0107	2.7120	0.9466	1.1446	51.7951
未利用地	0.3080	0.3310	0.0145	0.0000	0.0000	0.6535
总计	7435.7150	6155.8455	5056.2627	2984.5253	2483.0831	24115.4316

2. 生物丰度指数计算

生物丰度指数（biological abundance index，BAI）反映被研究区域内生物的丰贫程度，用单位面积内不同生态环境系统所拥有的生物物种数量表示。本实验以《生态环境状况评价技术规范》(HJ 192—2015)中提供的生物丰度指数体系为依据，将区域土地利用类型划分为林地、草地、水域湿地、耕地、建设用地、未利用地六大地物类型，表征区域内生物的丰贫程度。生物丰度指数计算公式为

$$生物丰度指数 = A_{bio}(0.35 \times 林地 + 0.21 \times 草地 + 0.28 \times 水域湿地 + 0.11 \times$$

$$耕地 + 0.04 \times 建设用地 + 0.01 \times 未利用地)/区域面积$$

$$A_{bio} = 100/A_{max}$$

式中：A_{bio} 为生物丰度指数的归一化系数；$A_{\max}$ 为生物丰度指数归一化处理前的最大值。

基于此前获得的土地利用类型分区统计数据,结合上述公式,并计算归一化系数为 $100/A_{\max}$,据此计算得到 2000 年、2010 年、2020 年生物丰度数据分区统计,见表 12.8～表 12.10。

表 12.8　2000 年研究区生物丰富度数据分区统计表

土地类型	安图县	抚松县	和龙市	临江市	长白朝鲜族自治县	总计
草地	19.6171	24.0980	22.3019	5.7698	13.9696	85.7563
高山苔原	0.0006	0.0023	0.0000	0.0000	0.0000	0.0029
耕地	603.8490	227.6742	538.5871	124.1683	84.2477	1578.5262
建设用地	32.1933	28.0099	32.7171	12.5040	6.9653	112.3896
林地	6768.4237	5839.7045	4459.8765	2841.1348	2376.7559	22285.8954
湿地	0.3421	0.0150	0.0536	0.0018	0.0000	0.4125
水域	10.9812	36.0107	2.7120	0.9466	1.1446	51.7951
未利用地	0.3080	0.3310	0.0145	0.0000	0.0000	0.6535
面积	7435.7150	6155.8455	5056.2627	2984.5253	2483.0831	24115.4316
归一化前值	0.3287	0.3387	0.3218	0.3384	0.3402	0.3322
归一化系数				293.9727		
生物丰度指数	96.6222	99.5794	94.5924	99.4872	100.0000	97.6539
生物丰度指数平均值				97.9892		

表 12.9　2010 年研究区生物丰富度数据分区统计表

土地类型	安图县	抚松县	和龙市	临江市	长白朝鲜族自治县	总计
草地	15.3991	12.9029	15.7974	4.7574	7.4192	56.2761
高山苔原	0.0038	0.0253	0.0000	0.0000	0.0000	0.0292
耕地	489.2743	248.5804	511.3920	141.7613	82.9852	1473.9932
建设用地	42.1139	38.1202	40.6775	16.5448	9.9907	147.4471
林地	6876.2434	5819.3115	4485.1414	2819.5001	2381.5435	22381.7399
湿地	0.2492	0.0113	0.0439	0.0010	0.0000	0.3054
水域	12.3597	36.7732	3.1730	1.9670	1.1616	55.4345
未利用地	0.0751	0.1341	0.0102	0.0024	0.0000	0.2219
面积	7435.7185	6155.8590	5056.2354	2984.5340	2483.1002	24115.4471
归一化前值	0.3320	0.3377	0.3227	0.3366	0.3403	0.3329
归一化系数				293.8749		
生物丰度指数	97.5782	99.2322	94.8480	98.9219	100.0000	97.8436
生物丰度指数平均值				98.0707		

表 12.10　2020 年研究区生物丰富度数据分区统计表

土地类型	安图县	抚松县	和龙市	临江市	长白朝鲜族自治县	总计
草地	19.6171	24.0980	22.3019	5.7698	13.9696	85.7563
高山苔原	0.0006	0.0023	0.0000	0.0000	0.0000	0.0029
耕地	603.8490	227.6742	538.5871	124.1683	84.2477	1578.5262
建设用地	32.1933	28.0099	32.7171	12.5040	6.9653	112.3896
林地	6768.4237	5839.7045	4459.8765	2841.1348	2376.7559	22285.8954
湿地	0.3421	0.0150	0.0536	0.0018	0.0000	0.4125

续表

土地类型	安图县	抚松县	和龙市	临江市	长白朝鲜族自治县	总计
水域	10.9812	36.0107	2.7120	0.9466	1.1446	51.7951
未利用地	0.3080	0.3310	0.0145	0.0000	0.0000	0.6535
面积	7435.7150	6155.8455	5056.2627	2984.5253	2483.0831	24115.4316
归一化前值	0.3287	0.3387	0.3218	0.3384	0.3402	0.3322
归一化系数				293.9727		
生物丰度指数	96.6222	99.5794	94.5924	99.4872	100.0000	97.6539
生物丰度指数平均值				97.9892		

将表格进行转置操作,另存为 XLS 格式,在 ArcGIS 10.8 中利用【连接和关联功能】将此表追加到相对应的字段中,并将数据转换为栅格格式,以便于最后进行加权叠加。

3. 植被覆盖指数计算

植被覆盖指数是评价区域内植被覆盖的程度,运用评价区域单位面积 NDVI 表示。

$$植被覆盖指数 = \text{NDVI}_{区域均值} = A_{\text{veg}} \times \left(\frac{\sum_{i=1}^{n} P_i}{n} \right)$$

式中:P_i 为 5—9 月像元 NDVI 月最大值的均值;n 为区域像元数;A_{veg} 为植被覆盖指数的归一化系数,参考值为 0.0121165124。

在数据预处理步骤中,已经提取出了研究区 NDVI 数据,即 NDVI 区域均值,因此,只需要进行分区统计和指数计算即可。

第一步:分区统计。利用表格显示分区统计工具对 NDVI 均值按照地区进行统计,统计结果如图 12.40～图 12.42 所示。

(**工具路径:Special Analysis Tools→Zonal→Zonal Statistics as Table**)

OBJECTID *	NAME	ZONE_CODE	COUNT	AREA	MEAN
1	安图县	1	2990372	6903938614.762158	0.688001
2	抚松县	2	2477417	5719667951.401439	0.699618
3	和龙市	3	2036150	4700904974.514197	0.779094
4	临江市	4	1206535	2785554297.780364	0.753334
5	长白朝鲜	5	1005571	2321584223.228748	0.554741

图 12.40　分区统计后(2000 年)

OBJECTID *	NAME	ZONE_CODE	COUNT	AREA	MEAN
1	安图县	1	7206701	6904866950.992271	0.707782
2	抚松县	2	5970232	5720184259.976442	0.692542
3	和龙市	3	4907112	4701590294.035729	0.802747
4	临江市	4	2907832	2786044970.623557	0.763849
5	长白朝鲜	5	2423661	2322152221.843098	0.648945

图 12.41　分区统计后(2010 年)

OBJECTID *	NAME	ZONE_CODE	COUNT	AREA	MEAN
1	安图县	1	7206480	6904655207.006199	0.80801
2	抚松县	2	5965932	5716064354.365087	0.834648
3	和龙市	3	4907112	4701590294.035729	0.757217
4	临江市	4	2907619	2785840891.578157	0.840015
5	长白朝鲜	5	2423268	2321775681.632572	0.797062

图 12.42　分区统计后(2020 年)

第二步：对每个区域进行归一化处理。添加双精度字段，命名为 C，启动字段计算器，按照条件输入公式，即可计算植被覆盖指数，最终得到长白山地区植被覆盖指数如表 12.11 所示。

表 12.11　长白山地区植被覆盖度指数统计表

城市（县）	2000 年	2010 年	2020 年
安图县	83.3617548	85.75853874	97.90267245
抚松县	84.76935249	83.91196083	100
和龙市	94.39906411	97.26499243	91.74832704
临江市	91.27782404	92.55183534	100
长白朝鲜族自治县	67.21532083	78.62951164	96.57613009
平均值	84.20466326	87.6233678	97.82755464

同理，将长白山地区 2000 年、2010 年、2020 年植被覆盖指数栅格数据备存。

4. 水网密度指数计算

结合水网密度指数所需各类数据对数据进行预处理工作，根据之前土地利用提取结果中水域地类的面积计算出以研究区为单位的水域量值；根据从吉林省水资源公报中获取的吉林省水资源总量数据，使用加权法获得每个县的水资源量；利用下载的全国地理信息资料目录服务系统中提供的 1∶100 万公众版基础地理信息数据，融合河流字段获得河流数据，并进行分区计算得到河流值。

水网密度指数 $= A_{\text{riv}} \times$ 河流长度 / 区域面积 $+ A_{\text{lak}} \times$ 水域面积（湖泊、水库、河渠和近海）/

$$区域面积 + A_{\text{res}} \times 水资源量 / 区域面积$$

式中：A_{riv} 为河流长度的归一化系数；A_{lak} 为水域面积的归一化系数；A_{res} 为水资源量的归一化系数。

其中研究区水资源总量计算如表 12.12 所示。

表 12.12　研究区水资源总量计算　　　　　　　单位：亿 km³

年份	行政单位	吉林省	安图县	抚松县	和龙市	临江市	长白朝鲜族自治县
	面积占比 /%	100	3.97	3.29	2.70	1.61	1.34
2000	水资源总量	352.36	13.9957392	11.592644	9.51372	5.655378	4.7110532
2010		686.7	27.275724	22.59243	18.5409	11.021535	9.181179
2020		586.2	23.283864	19.28598	15.8274	9.40851	7.837494

经计算，最终获得 2000 年、2010 年、2020 年水网密度指数数据分区统计表，见表 12.13～表 12.15。

表 12.13　2000 年水网密度指数数据分区统计表

项　　目	安图县	抚松县	和龙市	临江市	长白朝鲜族自治县
水域 /km²	10.15880591	33.81838966	2.801342783	4.902709573	4.057790472
总水资源量 /10⁶ m³	1399.57392	1159.2644	951.372	565.5378	471.10532

续表

项　　目	安图县	抚松县	和龙市	临江市	长白朝鲜族自治县
河流值/km	2.5065	0.485782	7.819967	2.46502	9.913851
面积/km²	6905.86	5721.02	4702.41	2786.82	2322.9
中间值水域/km²	0.001471041	0.005911252	0.000595725	0.001759249	0.001746864
中间值河流长度/km	0.000362953	8.49118E-05	0.00166297	0.000884528	0.004267877
中间值水资源总量/10⁶ m³	0.202664682	0.202632468	0.202315834	0.20293302	0.202809127
水网密度指数(归一化前)	18.41	21.01	17.97	18.65	18.91
归一化系数			4.759915513		
水网密度指数(归一化后)	87.62	100.00	85.53	88.75	90.02
水网密度指数平均值			90.38		

表 12.14　2010 年水网密度指数数据分区统计表

项　　目	安图县	抚松县	和龙市	临江市	长白朝鲜族自治县
水域/km²	11.46438089	34.49034525	3.193702238	6.369339526	4.078702054
总水资源量/10⁶ m³	2727.5724	2259.243	1854.09	1102.1535	918.1179
河流值/km	2.5065	0.485782	7.819967	2.46502	9.913851
面积/km²	6905.86	5721.02	4702.41	2786.82	2322.9
中间值水域/km²	0.001660095	0.006028706	0.000679163	0.002285522	0.001755866
中间值河流长度/km	0.000362953	8.49118E-05	0.00166297	0.000884528	0.004267877
中间值水资源总量/10⁶ m³	0.394964914	0.394902133	0.394285058	0.395487868	0.395246416
水网密度指数(归一化前)	35.13	37.69	34.60	35.59	35.54
归一化系数			2.653467405		
水网密度指数(归一化后)	93.22	100.00	91.81	94.44	94.31
水网密度指数平均值			94.75		

表 12.15　2020 年水网密度指数数据分区统计表

项　　目	安图县	抚松县	和龙市	临江市	长白朝鲜族自治县
水域/km²	11.31670347	33.29904951	3.293445625	5.415723726	3.63944622
总水资源量/10⁶ m³	2328.3864	1928.598	1582.74	940.851	783.7494
河流值/km	2.5065	0.485782	7.819967	2.46502	9.913851
面积/km²	6905.86	5721.02	4702.41	2786.82	2322.9
中间值水域/km²	0.00163871	0.005820474	0.000700374	0.001943335	0.001566768
中间值河流长度/km	0.000362953	8.49118E-05	0.00166297	0.000884528	0.004267877
中间值水资源总量/10⁶ m³	0.337160962	0.337107369	0.336580604	0.33760738	0.337401266
水网密度指数(归一化前)	30.12	32.57	29.63	30.39	30.43
归一化系数			3.07021612		
水网密度指数(归一化后)	92.49	100.00	90.97	93.30	93.43
水网密度指数平均值			94.04		

　　同时,为了便于后续对整个研究区进行分析,对获得的分区水网密度指数按照年份求

平均值,从而获得整个研究区的水网密度指数统计表(表 12.16)。

表 12.16　研究区水网密度指数统计表

年份	研究区水网密度统计值
2000	90.38
2010	94.75
2020	94.04

将表格进行转置操作,另存为 XLS 格式,在 ArcGIS 10.8 中利用【连接和关联功能】将此表追加到相对应的字段中,并将数据转换为栅格格式备存。

5. 土地胁迫指数计算

土地胁迫指数是评价区域内土地质量遭受胁迫的程度,用评价区域内单位面积上水土流失、土地沙化、土地开发等胁迫类型面积表示。土地胁迫指数大于 100 时取 100,权重如表 12.17 所示。

表 12.17　土地胁迫指数权重

类型	重度侵蚀	中度侵蚀	建设用地	其他土地胁迫
权重	0.4	0.2	0.2	0.2

计算方法:

$$土地胁迫指数 = A_{ero} \times (0.4 \times 重度侵蚀面积 + 0.2 \times 中度侵蚀面积 +$$
$$0.2 \times 建设用地面积 + 0.2 \times 其他土地胁迫) / 区域面积$$

式中: A_{ero} 为土地胁迫指数的归一化系数,参考值为 236.0435677948。

注意:土地胁迫指数的计算过程需要基于 ArcGIS 软件进行。

第一步:栅格数据矢量化。利用 Raster to Polygon 工具将 2000 年、2010 年和 2020 年土壤侵蚀栅格数据按照 value 字段转化为矢量面数据。

(工具路径:**Conversion Tools→From Raster→Raster To Polygon**)

第二步:修改属性表。

(1) 在土壤侵蚀矢量数据的属性表中添加一个面积字段,命名为 area。

(2) 在字段上右击,选择 Calculate Geometry 工具,计算各个等级的面积。

第三步:基于指定属性聚合要素。利用 Dissolve 工具将相同土壤侵蚀等级的地类图斑融合为一个要素。

(工具路径:**Data Management Tools→Generalization →Dissolve**)

第四步:分割要素。由于土壤侵蚀数据中存在一些类别图斑较大,会出现横跨多个地市的情况,因此使用分割工具将数据按照区县矢量边界进行分割。右击 Split 工具,选择 Batch,在弹出的对话框中进行如下设置。

(工具路径:**Analysis Tools→Extract→Split**)

第五步:合并要素。利用 Merge 工具将分割出来的各地市图层再合并为一个图层。

(工具路径:**Data Management Tools→General→Merge**)

第六步:进行空间链接。由于此时合并的新图层的属性表中并没有各地市的名称字段,因此我们需要用到 Spatial Join 工具将不同土地类型的数据基于位置关系分别连接至合并后的土壤侵蚀数据中,由此将各图斑位置信息赋值至土地类型数据中。

（工具路径：**Analysis Tools→Overlay→Spatial Join**）

第七步：根据条件赋值。在新生成的图层属性表以及经第六步转换后的属性表中添加一个字段名称为"侵蚀等级",字段类型为 Text,根据条件按照属性选择,右击新建字段打开 Field Calculator,对侵蚀等级进行赋值（1 为无明显侵蚀,2 为轻度侵蚀,3 为中度侵蚀,4 为重度侵蚀）。

第八步：计算面积。在新生成的图层属性表以及经第六步转换后的属性表中添加一个字段名称为 AREA,字段类型设置为 Double,右击新建字段选择 Calculate Geometry 工具,计算各个城市中各等级的面积。

第九步：提取建设用地面积。利用各个年份土地利用数据提取即可。

第十步：导出属性表。利用 Table To Excel 工具将分市与不分市的土壤侵蚀数据导出属性表。

（工具路径：**Conversion Tools→Excel→Table To Excel**）

将数据进行整理,并套用模型,最终得出 2000 年、2010 年、2020 年土地胁迫指数,如表 12.18 和表 12.19 所示。

表 12.18　长白山地区土地胁迫指数分区统计表

城市（县）	2000 年	2010 年	2020 年
安图县	14.54791531	14.54159222	14.61210319
抚松县	12.12352224	12.06137584	12.17480877
和龙市	9.992897547	9.704833393	10.03445819
临江市	5.889415991	5.842442087	5.90603438
长白朝鲜族自治县	4.91780696	4.420024205	4.929448192

表 12.19　研究区土地胁迫指数统计表

年份	土地胁迫指数
2000	46.30725219
2010	46.3809823
2020	47.47686206

将表格另存为 XLS 格式,在 ArcGIS 10.8 中利用【连接和关联功能】将此表追加到相对应的字段中,并将数据转换为栅格格式进行备存。

6. 污染负荷指数计算

污染负荷指数是评价区域内所受纳的环境污染压力,利用评价区域单位面积所受纳的污染负荷表示。污染负荷指数小于 0 时取 0,权重如表 12.20 所示。

表 12.20　污染负荷指数权重

类型	化学需氧量	氨氮	二氧化硫	固体废物	氮氧化物	烟（粉）尘
权重	0.20	0.20	0.20	0.10	0.20	0.10

计算方法：

污染负荷指数 $= 0.20 \times A_{COD} \times$ COD 排放量/区域年降水总量 $+ 0.20 \times A_{NH_3} \times$

氨氮排放量/区域年降水总量 $+ 0.20 \times A_{SO_2} \times$ SO$_2$ 排放量/区域面积 $+$

$0.10 \times A_{YFC} \times$ 烟（粉）尘排放量/区域面积 $+ 0.20 \times A_{NO_x} \times$

氮氧化物排放量/区域面积 $+ 0.10 \times A_{SOL} \times$

固体废物丢弃量/区域面积

式中：A_{COD} 为 COD 的归一化系数，参考值为 4.3937397289；A_{NH_3} 为氨氮的归一化系数，参考值为 40.1764754986；A_{SO_2} 为 SO$_2$ 的归一化系数，参考值为 0.0648660287；A_{YFC} 为烟（粉）尘的归一化系数，参考值为 4.0904459321；A_{NO_x} 为氮氧化物的归一化系数，参考值为 0.5103049278；A_{SOL} 为固体废物的归一化系数，参考值为 0.0749894283。

各污染物排放量数据来自中国县域统计年鉴以及中国环境统计年鉴，经过处理与计算，得到长白山地区 2000 年、2010 年、2020 年各污染物排放量数据，如表 12.21 所示。

表 12.21　长白山地区污染物排放量分区统计表　　　　单位：t

年份	地区名称	氮氧化物排放量	烟尘排放量	二氧化硫排放量	氨氮排放量	COD 排放量	固体废物排放量
2000	抚松县	796	1352	2932	55.02702778	618.3364306	0.018401472
	长白朝鲜族自治县	217	415	2932	55.02702778	618.3364306	0.018401472
	临江市	611	6	3231	55.02702778	618.3364306	0.018401472
	和龙市	240	436	578	19.04189844	292.7013984	0.116280313
	安图县	0	0	2932	19.04189844	292.7013984	0.116280313
2010	抚松县	797	1352	2943	35.13333333	557.4666667	0.004676667
	长白朝鲜族自治县	217	411	2943	35.13333333	557.4666667	0.004676667
	临江市	456	10	2744	35.13333333	557.4666667	0.004676667
	和龙市	219	277	578	34.546625	1942.3125	0.1258925
	安图县	1	4	2943	34.546625	1942.3125	0.1258925
2020	抚松县	839	2038	2587	208.397	2287.5235	0.072047
	长白朝鲜族自治县	217	422	2587	208.397	2287.5235	0.072047
	临江市	617	2346	3233	208.397	2287.5235	0.072047
	和龙市	684	1425	4914	90.04125	913.636625	0.5781975
	安图县	471	138	2587	90.04125	913.636625	0.5781975

经计算，得出长白山地区 2000 年、2010 年、2020 年污染负荷指数如表 12.22 和表 12.23 所示。

表 12.22　长白山地区污染负荷指数分区统计表

城市(县)	2000 年	2010 年	2020 年
抚松县	1.737203918	1.018829627	5.719917716
长白朝鲜族自治县	1.667975893	0.984661956	5.223891963
临江市	1.652758739	0.82758824	5.379273662
和龙市	0.691745659	2.913890411	2.680450756
安图县	0.687581496	2.832891269	2.577973999

表 12.23　研究区污染负荷指数统计表

年份	污染负荷指数
2000	1.287453141
2010	1.7155723
2020	4.316301619

　　将表格另存为 XLS 格式,在 ArcGIS 10.8 中利用【连接和关联功能】将此表追加到相对应的字段中,并将数据转换为栅格格式进行备存。

12.6.3　生态环境状况指数计算及分级

　　生态环境状况评价是利用一个综合指数(生态环境状况指数(EI))反映区域生态环境的整体状态,指标体系包括生物丰度指数、植被覆盖指数、水网密度指数、土地胁迫指数、污染负荷指数 5 个分指数和一个环境限制指数。5 个分指数分别反映被评价区域内生物的丰贫、植被覆盖的高低、水的丰富程度、土地遭受的胁迫强度、区域承载的污染物压力;环境限制指数是约束性指标,指根据区域内出现的严重影响人居生产生活安全的生态破坏和环境污染事项对生态环境状况进行限制和调节。

　　各项评价指标权重见表 12.24。

表 12.24　各项评价指标权重

指标	生物丰度指数	植被覆盖指数	水网密度指数	土地胁迫指数	污染负荷指数
权重	0.35	0.25	0.15	0.15	0.10

　　生态环境状况指数的计算方法如下:

$$EI=0.35×生物丰度指数+0.25×植被覆盖指数+0.15×水网密度指数+$$
$$0.15×(100-土地胁迫指数)+0.1×(100-污染负荷指数)$$

　　根据生态环境状况指数,将生态环境分为 5 级,即优、良、一般、较差和差,具体见表 12.25。

表 12.25　生态环境状况分级

级别	优	良	一般	较差	差
指数	EI≥75	55≤EI<75	35≤EI<55	20≤EI<35	EI<20
描述	植被覆盖度高,生物多样性丰富,生态系统稳定	植被覆盖度较高,生物多样性较丰富,适合人类生活	植被覆盖度中等,生物多样性一般,较适合人类生活,但有不适合人类生活的制约性因子出现	植被覆盖度较低,严重干旱少雨,物种较少,存在明显限制人类生活的因素	条件较恶劣,人类生活受到限制

具体计算步骤如下。

第一步：栅格叠加运算。利用加权总和工具分别对生成的 2000 年、2010 年以及 2020 年的生物丰度指数数据、植被覆盖指数数据、水网密度指数数据、土地胁迫指数数据以及污染负荷指数数据按照表 12.24 给出的权重进行叠加运算，如图 12.43 所示。

（工具路径：Special Analysis Tools→Overlay→Weighted Sum）

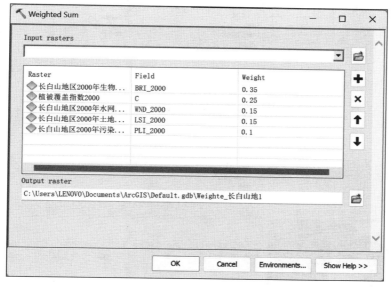

图 12.43　栅格叠加运算

第二步：分区统计。利用表格显示分区统计工具对上一步加权得出的生态环境状况指数数据进行分区统计，如图 12.44 所示。

（工具路径：Special Analysis Tools→Zonal→Zonal Statistics as Table）

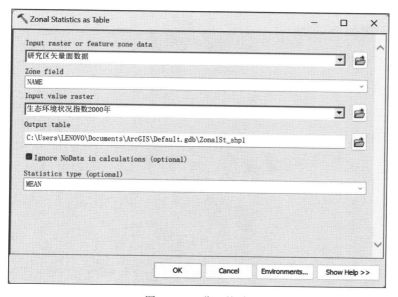

图 12.44　分区统计

第三步：状况分级评分。新建文本型字段,命名为"分级",在字段上右击,打开字段计算器,启动代码框,输入如图 12.45、图 12.46 所示的代码。

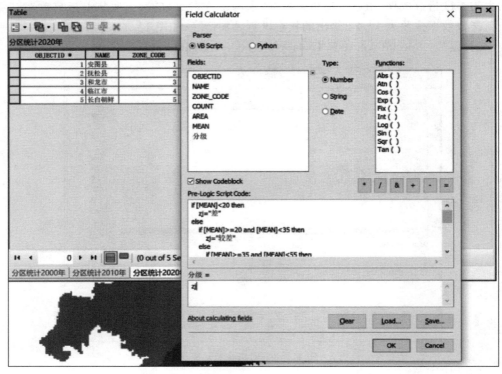

图 12.45　输入代码

```
if [MEAN]<20 then
  zj="差"
else
  if [MEAN]>=20 and [MEAN]<35 then
    zj="较差"
  else
    if [MEAN]>=35 and [MEAN]<55 then
      zj="一般"
    else
      if [MEAN]>=55 and [MEAN]<75 then
        zj="良"
      else
        zj="优"
      end if
    end if
  end if
end if
```

图 12.46　代码参考

第四步:对数据进行整理,最终得到长白山地区生态环境状况指数及分级,如表 12.26 和表 12.27 所示。

表 12.26 长白山地区生态环境状况指数及分级分区统计表

城市(县)	2000 年		2010 年		2020 年	
	EI	分级	EI	分级	EI	分级
安图县	85.6415579	优	77.3126297	优	79.40642548	优
抚松县	88.76854706	优	76.92979431	优	80.04078674	优
和龙市	87.37433624	优	78.1140976	优	76.02783203	优
临江市	88.76230621	优	77.36235809	优	78.64929962	优
长白朝鲜族自治县	83.13314849	优	74.63713074	良	77.77233124	优

表 12.27 长白山地区生态环境状况指数及分级统计表

年份	EI	分级
2000	86.7359787	优
2010	76.87120209	优
2020	78.37933502	优

12.6.4 生态环境状况分析

根据生态环境状况指数与基准值的变化情况,将生态环境质量变化幅度分为 4 级,即无明显变化、略有变化(好或差)、明显变化(好或差)、显著变化(好或差)。各分指数变化分级评价方法可参考生态环境状况变化度分级,具体见表 12.28。

表 12.28 生态环境状况变化度分级

级别	无明显变化	略 有 变 化	明 显 变 化	显 著 变 化
变化值	$|\Delta EI| < 1$	$1 \leqslant |\Delta EI| < 3$	$3 \leqslant |\Delta EI| < 8$	$|\Delta EI| \geqslant 8$
描述	生态环境质量无明显变化	如果 $1 \leqslant \Delta EI < 3$,则生态环境质量略微变好;如果 $-1 \geqslant \Delta EI > -3$,则生态环境质量略微变差	如果 $3 \leqslant \Delta EI < 8$,则生态环境质量明显变好;如果 $-3 \geqslant \Delta EI > -8$,则生态环境质量明显变差	如果 $\Delta EI > 8$,则生态环境质量显著变好;如果 $\Delta EI \leqslant -8$,则生态环境质量显著变差

如果生态环境状况指数呈现波动变化的特征,则该区域生态环境敏感,根据生态环境质量波动变化幅度,将生态环境变化状况分为稳定、波动、较大波动和剧烈波动,见表 12.29。

表 12.29 生态环境状况波动变化分级

级别	稳定	波动	较大波动	剧烈波动
变化值	$|\Delta EI| < 1$	$1 \leqslant |\Delta EI| < 3$	$3 \leqslant |\Delta EI| < 8$	$|\Delta EI| \geqslant 8$
描述	生态环境状况稳定	如果 $|\Delta EI| \geqslant 1$,并且 ΔEI 在 3 和 -3 之间波动变化,则生态环境状况呈现波动特征	如果 $|\Delta EI| \geqslant 3$,并且 ΔEI 在 8 和 -8 之间波动变化,则生态环境状况呈现较大波动特征	如果 $|\Delta EI| \geqslant 8$,并且 ΔEI 变化呈现正负波动特征,则生态环境状况剧烈波动

经计算,分别得出 2000 年和 2010 年、2010 年和 2020 年的 ΔEI 值,如表 12.30 和表 12.31 所示。

表 12.30　研究区分区生态环境状况变化分析

行政单位	年份	EI 指数	ΔEI	变化度分级	波动变化分级
	2000	85.64155579	—	—	—
安图县	2010	77.3126297	−8.328926086	显著变差	剧烈波动
	2020	79.40642548	2.093795776	略微变好	波动
	2000	88.76854706	—	—	—
抚松县	2010	76.92979431	−11.83875275	显著变差	剧烈波动
	2020	80.04078674	3.110992432	明显变好	较大波动
	2000	87.37433624	—	—	—
和龙市	2010	78.1140976	−9.260238647	显著变差	剧烈波动
	2020	76.02783203	−2.086265564	略微变差	波动
	2000	88.76230621	—	—	—
临江市	2010	77.36235809	−11.39994812	显著变差	剧烈波动
	2020	78.64929962	1.286941528	略微变好	波动
	2000	83.13314819	—	—	—
长白朝鲜族自治县	2010	74.63713074	−8.496017456	显著变差	剧烈波动
	2020	77.77233124	3.1352005	明显变好	较大波动

表 12.31　研究区生态环境状况变化分析

年份	EI	ΔEI	变化度分级	波动变化分级
2000	86.7359787	—		
2010	76.87120209	−9.864776611	显著变差	剧烈波动
2020	78.37933502	1.508132935	略微变好	波动

结合图 12.28 和图 12.29 可知,2000—2020 年,研究区的生态环境状况指数有所下降,由 2000 年的 86.7359787 下降到 2020 年的 78.37933502,说明整个研究区的生态环境状况水平明显变差,生态环境状况指数连年大幅度变化,说明研究区的生态环境状况稳定性差、波动性大。

(1) 长白朝鲜族自治县在 2000—2010 年生态环境质量显著变差,又在 2010—2020 年生态环境质量明显变好,但仍存在很大的进步空间。

(2) 抚松县在 2000—2010 年生态环境质量显著变差,又在 2010—2020 年生态环境质量明显变好,但依旧存在较大的进步空间。

(3) 安图县在 2000—2010 年生态环境质量明显变差,又在 2010—2020 年生态环境质量略微变好。该行政区的生态环境质量虽然自 2010 年以后逐渐向好的方向发展,但上升幅度不是很大,因此需要采取相关措施,使得其 EI 上升幅度变大。

(4) 临江市在 2000—2010 年生态环境质量显著变差,又在 2010—2020 年生态环境质量明显变好。该行政区的生态环境质量虽然自 2010 年以后也逐渐向好的方向发展,但上升幅度不是很大,因此需要采取相关措施,使得其 EI 指数上升幅度变大。

(5) 和龙市在 2000—2010 年生态环境质量显著变差,又在 2010—2020 年生态环境质量略微变差。该行政区的生态环境质量发展情况不容乐观,应采取相应措施,保护生态环境,促进生态环境的可持续发展。

实验 13
湿地实验

13.1 实验要求

根据实验区域的遥感影像数据,完成下列分析。

(1)融合 NDVI 和归一化差异水体指数(normalized difference water index,NDWI)并采用最大似然分类法提取湿地信息。

(2)统计分类后 3 个时期盘锦市的湿地面积。

13.2 实验目标

(1)掌握基于光谱特征的地物动态监测原理。

(2)掌握基于特征值进行地物分类的操作方法。

13.3 实验软件

软件:PIE-Basic 7.0、ArcGIS 10.8。

13.4 实验区域与数据

13.4.1 实验数据

<2014-CJ>:2014 年 9 月 15 日辽宁省盘锦市的 Landsat 8 OLI 影像数据。

<2017-CJ>:2017 年 9 月 7 日辽宁省盘锦市的 Landsat 8 OLI 影像数据。

<2020-CJ>:2020 年 10 月 17 日辽宁省盘锦市的 Landsat 8 OLI 影像数据。

<盘锦市>:辽宁省盘锦市矢量数据。

13.4.2 实验区域

盘锦市是辽宁省辖地级市,别称鹤乡、油城,位于辽宁省西南部,地处辽河三角洲中心地带、辽河入海口处,地势平坦,多水无山,是中国最北海岸线,总面积 $4062.34km^2$。

盘锦境内分布着 $2496km^2$ 的湿地,有芦苇沼泽、浅海海域、河流,还有库塘和养殖池塘等,资源丰富、类型多样。随着经济的快速发展,盘锦市湿地的生态环境受到严重威胁,湿地面积不断萎缩,环境保护功能显著下降,湿地保护体系有待进一步完善。研究区域示意图如图 13.1 所示。

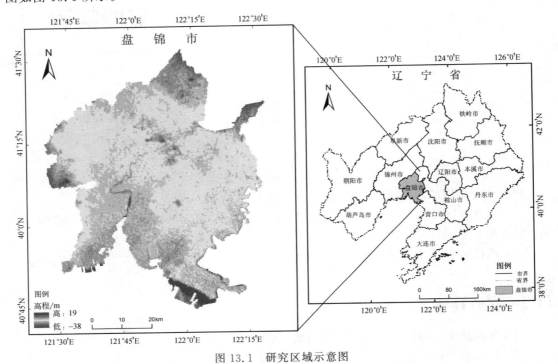

图 13.1 研究区域示意图

13.5 实验原理

1) NDVI

NDVI 通过测量近红外和红光之间的差异来量化植被。计算方法如式(13.1)所示。

$$NDVI = \frac{NIR - Red}{NIR + Red} \tag{13.1}$$

式中:NDVI 为归一化差异植被指数;NIR 为近红外波段的反射率;Red 为红波段的反射率。例如,当 NDVI 接近 +1 时,有可能是茂密的绿叶;当 NDVI 接近 0 时,则可能没有绿叶,甚至可能是城市化区域。

2) NDWI

水体的反射率在绿波段表现最高,而在近红外波段极低,基本被完全吸收。通过水体在不同波谱上的特征构造水体指数,可以实现与其他地物的区分。归一化差异水体指数

(NDWI)的计算公式如式(13.2)所示。

$$\text{NDWI} = \frac{\text{Green} - \text{NIR}}{\text{Green} + \text{NIR}} \tag{13.2}$$

式中：NDWI 为归一化差异水体指数；Green 为绿光波段的反射率；NIR 为近红外波段的反射率。NDWI 的范围为 $[-1,1]$，数值越接近 1 说明越有可能是水体。

3）最大似然分类

最大似然法通过最大化似然函数来选择一组最优的模型参数，使得给定观测数据的概率最大。

13.6 实验步骤

13.6.1 数据预处理

本实验对研究区影像进行了波段融合、辐射定标、大气校正、图像拼接、裁剪等预处理，操作过程以 2014 年的一景影像为例。

1. 波段合成

PIE-Basic 软件的波段合成功能主要用于将多幅图像合并为一个新的多波段图像。

在 PIE-Basic 7.0 主菜单中单击【常用功能】→【图像运算】→【波段合成】。

在【文件选择】列表中选中所有参与合成的波段数据，【输出方式】选择"并集"，并设置输出文件名称及路径，其他参数为系统默认参数，如图 13.2 所示。

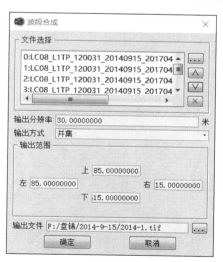

图 13.2 【波段合成】对话框

所有参数设置完成后，单击【确定】按钮进行波段合成。

2. 辐射定标

在 PIE-Basic 7.0 界面中加载上一步得到的波段合成影像，在 PIE-Basic 7.0 主菜单中单击【图像预处理】→【辐射校正】→【辐射定标】。

在【输入文件】列表中输入待处理的遥感影像数据,元数据文件为 XML 文件,【定标类型】选"表观反射率/亮温",设置输出文件路径及名称,如图 13.3 所示。

图 13.3　【辐射定标】对话框

所有参数设置完成后,单击【确定】按钮,输出辐射定标处理结果。

3. 大气校正

在 PIE-Basic 7.0 主菜单中单击【图像预处理】→【辐射校正】→【大气校正】。

在【大气校正】对话框中选择输入的数据类型,要与输入文件保持一致。输入待处理的影像数据,系统默认自动输入该影像对应的元数据文件,并自动识别出卫星传感器类型。【参数设置】选择系统默认参数,设置输出文件路径及名称,如图 13.4 所示。

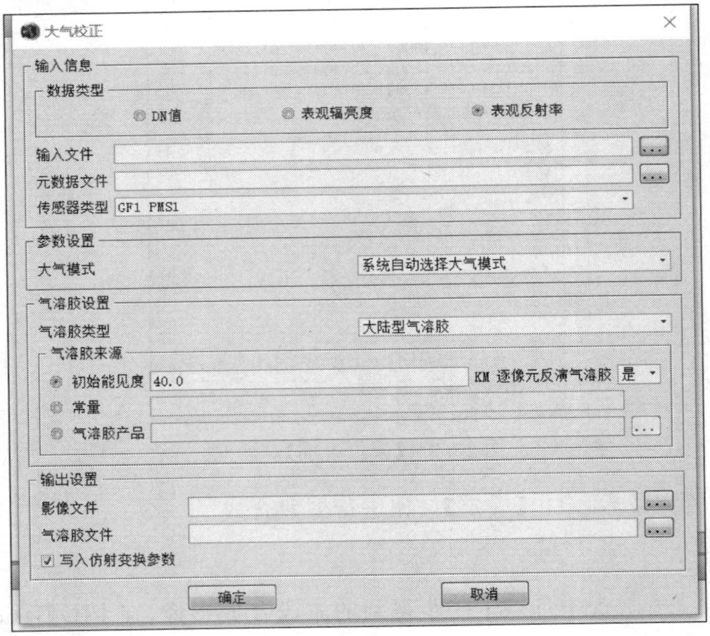

图 13.4　【大气校正】对话框

所有参数设置完成后,单击【确定】按钮,输出大气校正处理结果,如图 13.5 所示。

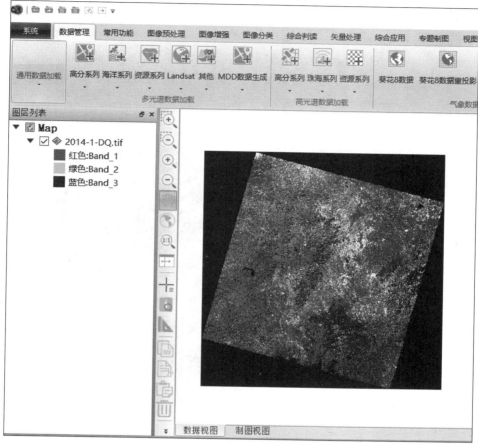

图 13.5 大气校正处理结果图

4. 图像拼接

在 PIE-Basic 7.0 界面中加载上一步得到的波段合成影像,在 PIE-Basic 7.0 主菜单中单击【图像预处理】→【图像拼接】→【快速拼接】。

在【输入文件】列表中添加所有待拼接的图像,并设置输出文件的名称及路径,【设置无效值】选择 0,如图 13.6 所示。

图 13.6 【快速拼接】对话框

所有参数设置完成后,单击【确定】按钮执行拼接操作,拼接后的影像如图 13.7 所示。

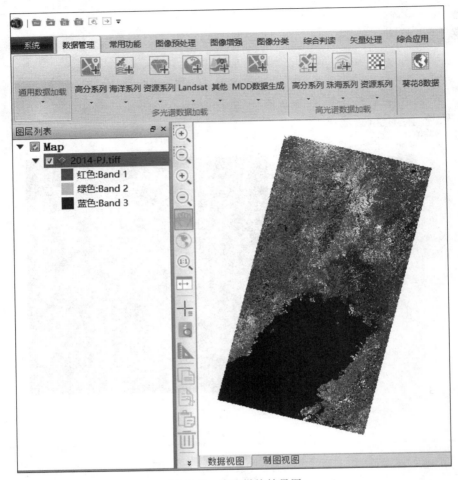

图 13.7　快速拼接结果图

5. 图像裁剪

在 PIE-Basic 7.0 界面中加载上一步得到的拼接影像以及盘锦市矢量文件,在 PIE-Basic 7.0 主菜单中单击【图像预处理】→【图像裁剪】。

在弹出的【图像裁剪】对话框中,输入待裁剪的图像,【裁剪方式】选择矢量文件,输出【无效值】设置为"0.0",并设置输出文件的名称及路径,如图 13.8 所示。

所有参数设置完成后,单击【确定】按钮执行裁剪操作,裁剪后的影像如图 13.9 所示。

13.6.2　计算特征值

1. 计算 NDVI

(1) 在 PIE-Basic 7.0 界面中加载经过预处理的 2014 年盘锦市遥感影像。

(2) 根据式(13.1)计算 NDVI。在 PIE-Basic 7.0 主菜单中,单击【常用功能】→【图像运算】→【波段运算】。

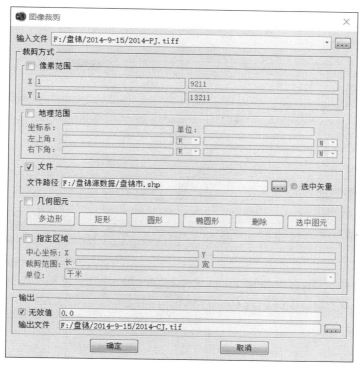

图 13.8 【图像裁剪】对话框

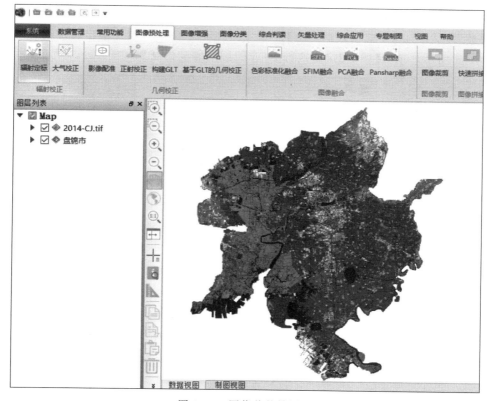

图 13.9

图 13.9 图像裁剪结果图

（3）在弹出的【波段运算】→【输入表达式】中输入 NDVI 计算公式"(b1−b2)/(b1＋b2)"，如图 13.10 所示。

图 13.10 【波段运算】对话框

单击【确定】按钮弹出【波段变量设置】对话框，给 b1 赋予近红外波段（波段 5），给 b2 赋予红外波段（波段 4）。【输出数据类型】选择"浮点型（32 位）"。设置输出文件路径及名称，如图 13.11 所示。单击【确定】按钮执行 NDVI 计算，得到的结果如图 13.12 所示。

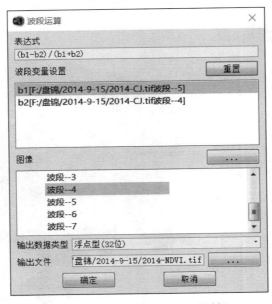

图 13.11 【波段变量设置】对话框

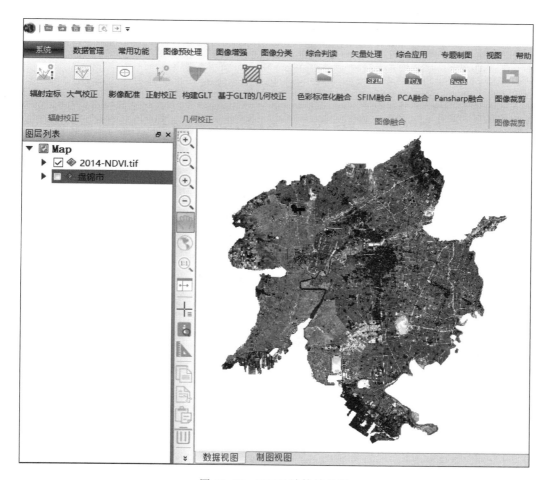

图 13.12 NDVI 计算结果图

2. 计算 NDWI

(1) 根据式(13.2)计算 NDWI。在 PIE-Basic 7.0 主菜单中单击【常用功能】→【图像运算】→【波段运算】。

(2) 输入 NDWI 的计算公式,单击【确定】按钮弹出【波段变量设置】对话框,给 b1 赋予绿光波段(波段 3),给 b2 赋予近红外波段(波段 5)。【输出数据类型】选择"浮点型(32位)",设置输出文件路径及名称。单击【确定】按钮执行 NDWI 计算,得到的结果如图 13.13 所示。

(3) 将得到的纹理特征与影像光谱特征融合,生成叠加图像。在 PIE-Basic 7.0 主菜单中单击【常用功能】→【图像运算】→【波段合成】。

在弹出的【波段合成】对话框中选择要输入的文件和输出路径及名称,【输出方式】选择"并集",包含全部影像的范围。单击【确定】按钮进行波段合成,合成后影像如图 13.14 所示。

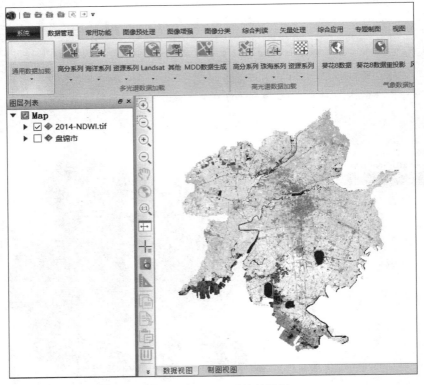

图 13.13　NDWI 计算结果图

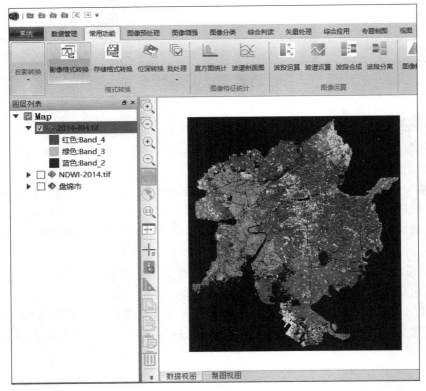

图 13.14　2014 年处理后影像

13.6.3　湿地信息提取

1. 样本的选择

（1）首先加载上一步获取的图像,以波段4、波段3、波段2合成RGB显示。本实验将研究区分为湿地和非湿地,其中湿地包括水田、河流、水库、沼泽、滩涂;非湿地包括建筑用地、旱地。

（2）在PIE-Basic 7.0主菜单中选择【图像分类】→【样本采集】→【ROI工具】。

（3）在【ROI工具】对话框中,单击【增加】按钮,首先以多边形绘制建筑用地ROI,设置颜色,按上述方法继续绘制其他地物的ROI,如图13.15所示。

图13.15　【ROI工具】对话框

（4）绘制完所有ROI后,单击【文件】按钮,设置存储路径及名称,最后单击【确定】按钮。

2. 最大似然分类

（1）在PIE-Basic 7.0窗口中加载波段合成后的图像,加载样本到图像中。

（2）在PIE-Basic 7.0主菜单中单击【图像分类】→【监督分类】→【最大似然分类】,打开【最大似然分类】对话框。

（3）输入文件为波段合成后的影像,选择ROI文件,设置输出文件路径及名称,单击【确定】按钮执行分类,分类结果如图13.16所示。

2017年和2020年的操作方法与2014年相同,2017年分类结果如图13.17所示,2020年分类结果如图13.18所示。

13.6.4　湿地面积统计

（1）在PIE-Basic 7.0主菜单中单击【图像分类】→【分类后处理】→【分类统计】。在【输入文件】对话框中选择最大似然分类后的图像,单击【确定】按钮,得到最大似然分类统计结果,可以得到各个类别所占的比例和面积。

图 13.16

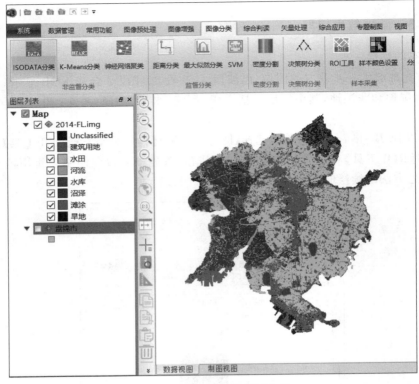

图 13.16　2014 年分类结果图

图 13.17

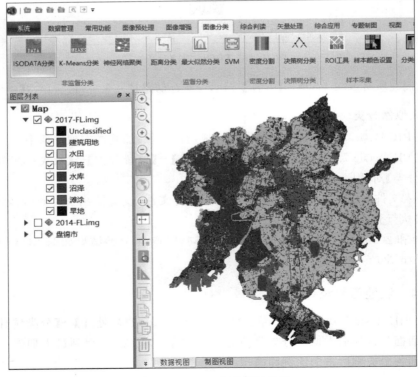

图 13.17　2017 年分类结果图

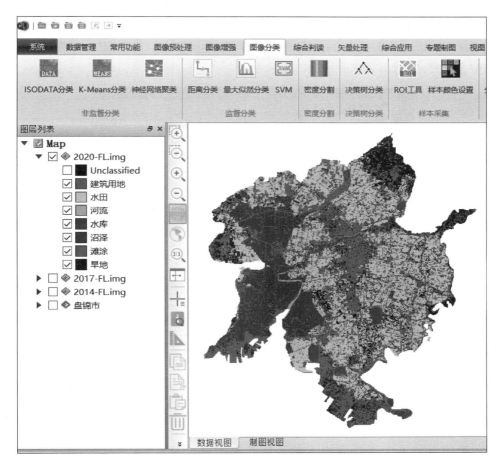

图 13.18

图 13.18 2020 年分类结果图

（2）重复上述操作，在【输入文件】中选择最大似然分类后的图像，得到各类别面积和比例统计结果，见表 13.1。

表 13.1 2014 年、2017 年、2020 年湿地面积统计　　　单位：m²

年份	水田面积	河流面积	水库面积	沼泽面积	滩涂面积
2014	1551015000	103612500	33201900	773882100	231766200
2017	1350445500	32304600	37396800	936793800	369224100
2020	1170312300	14979600	41138100	748276200	511494300

（3）最大似然分类法得到的 3 年湿地面积对比见表 13.1。

13.6.5 专题制图

参照《关于特别是作为水禽栖息地的国际重要湿地公约》和国家湿地分类标准，结合研究区湿地类型的分布特征等相关资料，实验将湿地分为自然湿地和人工湿地。自然湿地包含河流、沼泽、滩涂；人工湿地包含水田、水库、池塘。

1. 添加字段

在 ArcGIS 10.8 中打开 2014 年的分类数据,打开属性表添加字段"分类",根据地物类型添加中文名称,如图 13.19 所示。

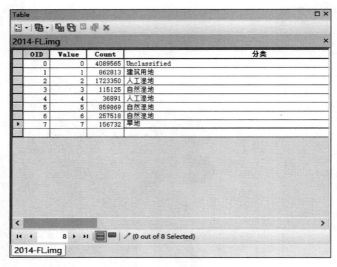

图 13.19 属性表

2. 栅格数据转为矢量数据

单击【ArcToolbox】→【Conversion Tools】→【From Raster】→【Raster to Polygon】,打开栅格转矢量对话框。

在弹出的对话框中选择要输入的文件和输出路径及名称,字段选择"分类"。单击【OK】按钮执行操作,栅格数据转为矢量数据对话框如图 13.20 所示。

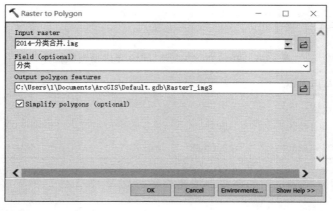

图 13.20 栅格数据转为矢量数据对话框

3. 融合

单击【ArcToolbox】→【Data Management Tools】→【Generalization】→【Dissolve】,打开融合对话框。

在弹出的对话框中选择要输入的文件和输出路径及名称,字段选择"分类"。单击
【OK】按钮执行操作,【Dissolve】对话框如图 13.21 所示。

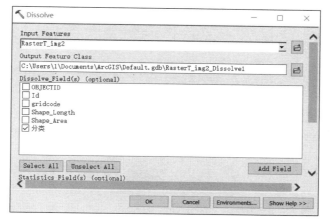

图 13.21　【Dissolve】对话框

2017 年、2020 年分类数据操作同上。

4. 分析数据变化

单击【ArcToolbox】→【Analysis Tools】→【Overlay】→【Intersect】,打开相交对话框,选
择需要对比的数据,依次选择 2014 年、2017 年分类数据和 2017 年、2020 年分类数据,如
图 13.22 所示。

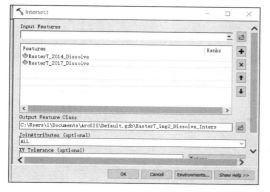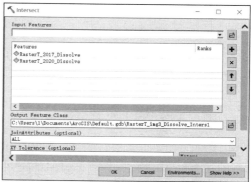

图 13.22　【Intersect】对话框

5. 属性表转 Excel

单击【ArcToolbox】→【Conversion Tools】→【Excel】→【Table To Excel】,选择输入数
据,设置输出路径及名称,如图 13.23 所示。

6. 出土地利用变化图

创建数据透视表后,在图层属性表添加字段"Change",右击字段"Change",单击【Field
Calculator】,输入[分类]+"—"+[分类_1],将图层可视化后,单击右下角布局视图,添加
图名、图例、比例尺、指北针等基本要素,导出专题图 13.24 和图 13.25。

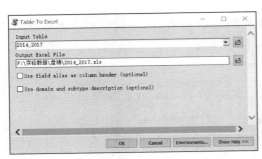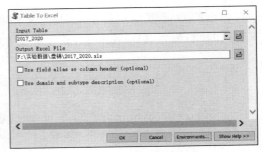

图 13.23 【Table To Excel】对话框

图 13.24

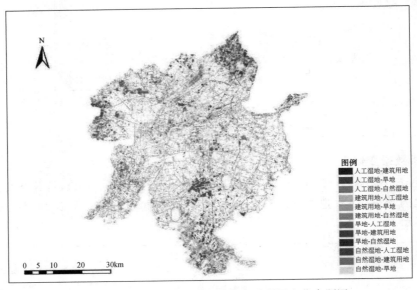

图 13.24 2014—2017 年盘锦市土地利用变化专题图

图 13.25

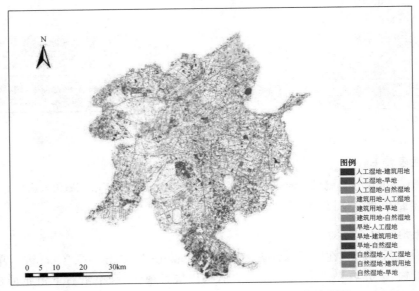

图 13.25 2017—2020 年盘锦市土地利用变化专题图

专题四

城市与人居环境遥感

实验 **14·**
城市热岛效应评估

14.1　实验要求

根据实验区域的 Landsat 影像数据,进行如下分析。

（1）利用辐射传输方程法反演实验区域地表温度,计算区域地表温度变化情况。

（2）根据地表温度分布特征,分析商丘市部分区域的热岛效应。

14.2　实验目标

（1）熟悉辐射传输方程法反演地表温度的原理。

（2）掌握地表温度反演的一般思路与方法。

14.3　实验软件

软件：PIE-Basic 7.0。

14.4　实验区域与数据

14.4.1　实验数据

＜L2019＞：2019 年 Landsat 8 OLI/TIRS 影像数据。

＜商丘.shp＞：商丘市边界矢量文件。

14.4.2　实验区域

商丘市位于河南省东部、华北平原南部,属于温带季风气候,市域面积 10704km^2,下辖夏邑县、虞城县、柘城县、宁陵县、睢县、民权县、梁园区、睢阳区、示范区等9个区域。境内黄河故道、涡河、惠济河、沱河、浍河、大沙河、王引河等河流的流域面积超过$1000km^2$，且大多呈西北东南流向，多属季节性雨源型，若汛期遇大雨、暴雨等，水位和流量变化较大。其中黄河故道（又称明清商丘黄河流域，下文统称为黄河故道）位于商丘市北部，在商丘区域内全长134km，西起民权县，东至虞城县，位于黄河下游冲积扇的脊轴，拥有结构完整的生态系统结构和复杂的生态环境，是河南省生物多样性较高地区，也是商丘市重要的水源地和无公害水产品的养殖基地。近年来，受全球气候变暖和人类活动等多重因素的影响，商丘市及黄河故道洪涝灾害的发生频率也呈上升趋势。通过矢量数据裁剪遥感影像得到，商丘市整体的研究区位置如图14.1所示。

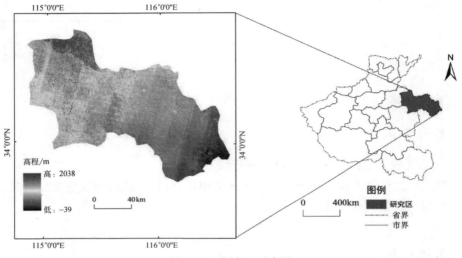

图14.1 研究区示意图

14.5 实验原理

辐射传输方程法是一种常用的反演地表温度的方法。它基于辐射传输方程，通过测量地表辐射通量和大气辐射通量，推算出地表温度。辐射传输方程描述了辐射在大气中的传输和交换过程。它考虑了大气吸收、散射和发射辐射的影响，以及地表反射辐射的影响。反演地表温度的基本原理是通过测量不同波段的辐射通量，利用辐射传输方程计算出大气辐射通量和地表辐射通量；然后，根据二者之间的关系推算出地表温度。

辐射传输方程法的基本原理：首先估计大气对地表热辐射的影响，然后把这部分大气影响从卫星传感器所观测到的热辐射总量中减去，从而得到地表热辐射强度，最后把这一热辐射强度转化为相应地表温度。

卫星传感器接收到的热红外辐射亮度值L_λ由三部分组成：大气向上辐射亮度L_u，地面的真实辐射亮度经过大气层之后到达卫星传感器的能量，大气向下辐射到达地面后反射的能量L_d。卫星传感器接收到的热红外辐射亮度值L_λ的表达式可写为（辐射传输方程）：

$$L_\lambda = [\varepsilon B(T_s) + (1-\varepsilon)L_d]\tau + L_u \qquad (14.1)$$

式中：ε为地表比辐射率；T_s为地表真实温度；$B(T_s)$为黑体热辐射亮度；τ为大气在热

红外波段的透过率。则温度为 T 的黑体在热红外波段的辐射亮度 $B(T_s)$ 为

$$B(T_s) = [L_\lambda - L_u - \tau(1-\tau)L_d]/\tau\varepsilon \tag{14.2}$$

T_s 可以用普朗克公式的函数求得：

$$T_s = k_2/\ln(K_1/[B(T_s)+1]) \tag{14.3}$$

对于 Landsat TM 数据，$K_1 = 607.76\text{W}/(\text{m}^2 \cdot \mu\text{m} \cdot \text{sr})$，$K_2 = 1260.56\text{K}$。

对于 Landsat ETM+数据，$K_1 = 666.09\text{W}/(\text{m}^2 \cdot \mu\text{m} \cdot \text{sr})$，$K_2 = 1282.71\text{K}$。

对于 Landsat TIRS 数据，$K_1 = 774.89\text{W}/(\text{m}^2 \cdot \mu\text{m} \cdot \text{sr})$，$K_2 = 1321.08\text{K}$。

从上可知此类算法需要两个参数：大气剖面参数和地表比辐射率。大气剖面参数在美国国家航空航天局(NASA)提供的网站中，输入成影时间以及中心经纬度可以获取，适用于只有一个热红外波段的数据，如 Landsat TM/ETM+/TIRS 数据。地表比辐射率计算见 14.6.5 节。

14.6　实验步骤

14.6.1　反演流程图

反演流程如图 14.2 所示。

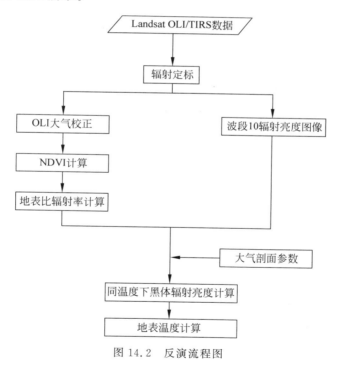

图 14.2　反演流程图

14.6.2　遥感影像预处理

1. 波段合成

针对 Landsat 8 数据，需要将第 8 全色波段、第 9 卷云波段以及第 10、第 11 两个热红外波段去掉，按照 1~7 的波段排列顺序进行波段合成。

在 PIE-Basic 7.0 主菜单依次单击【数据管理】→【多光谱数据加载】→【Landsat】→【Landsat 8】,选择文件夹,然后加载 1~7 波段。结果如图 14.3 所示。

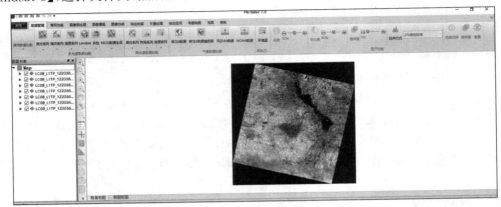

图 14.3　加载数据

在 PIE-Basic 7.0 主菜单依次单击【常用功能】→【图像运算】→【波段合成】,选择加载的波段和输出文件位置。【波段合成】的设置如图 14.4 所示。

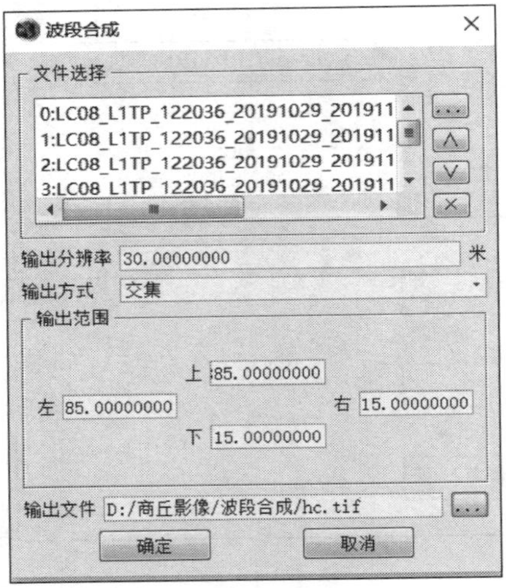

图 14.4　【波段合成】的设置界面

从图 14.4 中可以发现,波段合成之后的影像存在黑色背景值,通过设置无效值去除,单击【常用功能】→【实用工具】→【设置无效值】,如图 14.5 所示加入波段合成的影像,【设置无效值】为 0,单击【确定】按钮。结果如图 14.6 所示。

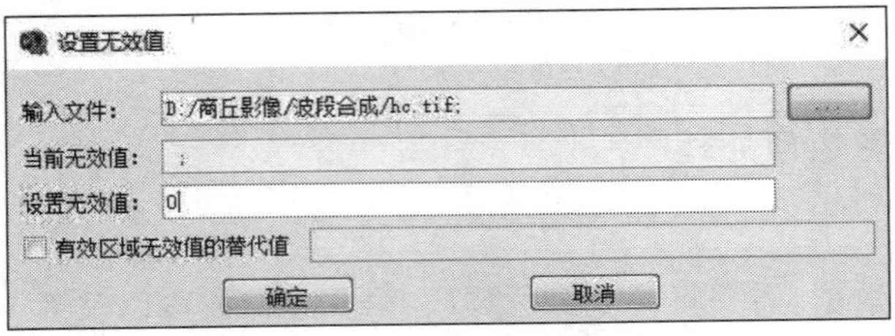

图 14.5　无效值参数设置

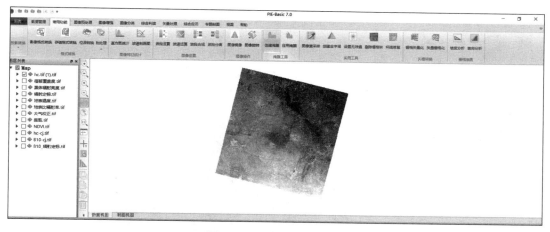

图 14.6　无效值设置结果

2. 裁剪影像

在 PIE-Basic 7.0 主菜单依次单击【图像预处理】→【图像裁剪】→【图像裁剪】,【输入文件】选择波段合成数据,【裁剪方式】选择【文件】,然后加载研究区边界矢量文件,最后选择输出文件位置。使用同样的方式对热红外波段 B10 进行裁剪,参数设置界面如图 14.7 所示,裁剪结果如图 14.8 与图 14.9 所示。

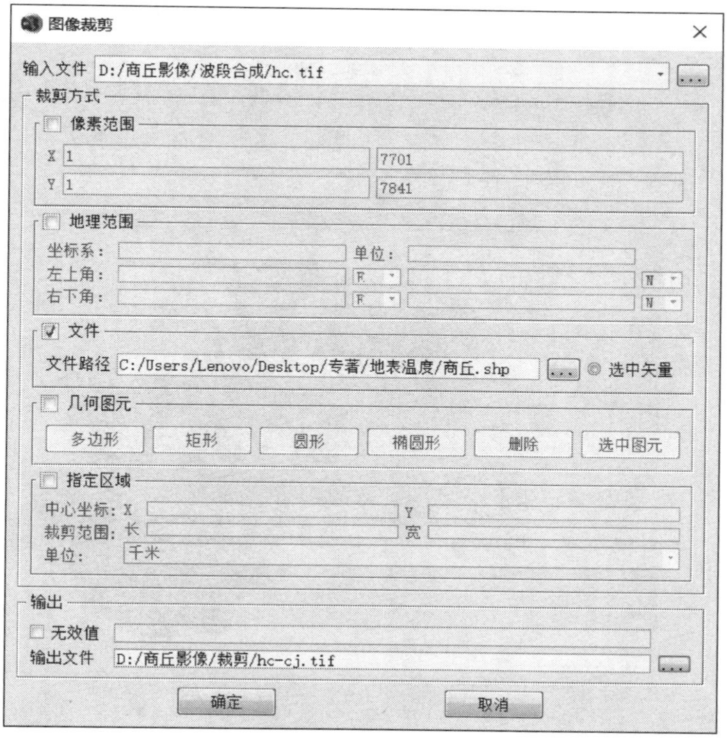

图 14.7　【图像裁剪】参数设置

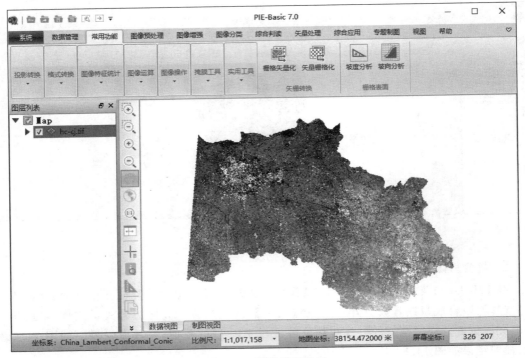

图 14.8　图像裁剪结果

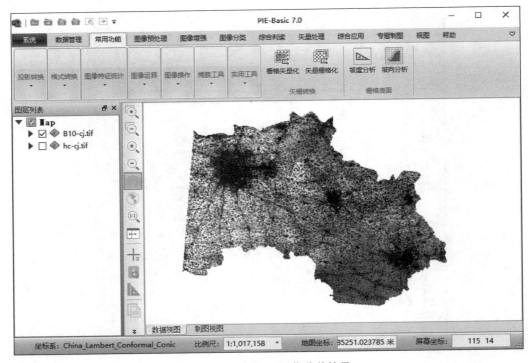

图 14.9　波段 10 图像裁剪结果

3. 辐射定标

在 PIE-Basic 7.0 主菜单依次单击【图像预处理】→【辐射校正】→【辐射定标】,【输入文件】选择波段合成后的多光谱文件,【元数据文件】选择 Landsat 8 遥感影像文件夹中以 MTL.txt 结尾的文件,【定标类型】选择"表观反射率/亮温",【定标系数】中会自动出现各波段相关参数,最后选择输出文件位置。【辐射定标】设置界面如图 14.10 所示。

图 14.10 【辐射定标】参数设置

多光谱数据辐射定标结果如图 14.11 所示。

图 14.11 多光谱影像辐射定标结果

对热红外波段 B10 辐射定标,在 PIE-Basic 7.0 主菜单依次单击【常用功能】→【图像运算】→【波段运算】,将 3.3420E-04 转换为常规十进制形式 0.0003342,最后输入公式"b10 * 0.0003342+0.1",单击【确定】按钮将公式加入表达式列表中,如图 14.12 所示。将 B10-cj 赋予变量 b10,如图 14.13 所示。

B10 辐射定标原理为:B10 热红外数据通过 Landsat 8 系列辐射定标关系式 $L_\lambda = B10 \cdot M_L + A_L$ 得到 B10 辐射亮度图像。

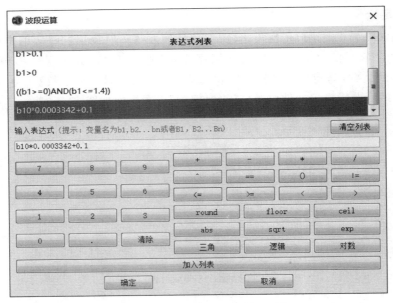

图 14.12 B10 辐射定标计算对话框

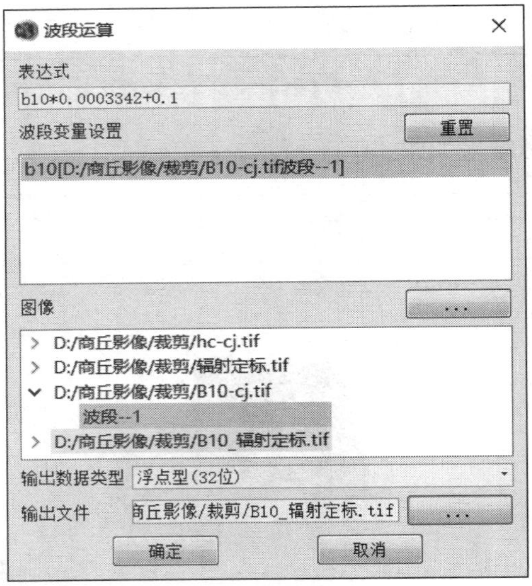

图 14.13 给变量 b10 赋予相应波段对话框

通过查看影像的头文件,可以获取偏差参数:M_L(RADIANCE_MULT_BAND_X)和 A_L(RADIANCE_ADD_BAND_X)分别为图像的增益系数和偏置系数。其中增益系数为 3.3420E-04,偏置系数为 0.1,分别从原始数据文件夹中"*_MTL.txt"元数据文件中获取。

14.6.3 大气校正

在 PIE-Basic 7.0 主菜单依次单击【图像预处理】→【辐射校正】→【大气校正】,【数据类型】选择"表观辐亮度",【输入文件】选择辐射定标后的文件,【元数据文件】自动出现辐射定

标中以 MTL. txt 结尾的文件,【参数设置】和【气溶胶设置】用默认选项,最后选择输出文件
位置。【大气校正】参数设置界面如图 14.14 所示,结果如图 14.15 所示。

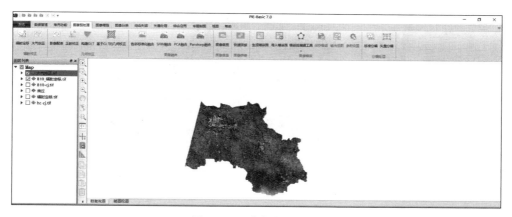

图 14.14 【大气校正】设置界面

图 14.15 大气校正结果

14.6.4 NDVI 计算

在 PIE-Basic 7.0 主菜单依次单击【常用功能】→【图像运算】→【波段运算】,Landsat 8
中 B4 为红波段,B5 为近红外波段,输入 NDVI 计算公式"(B5-B4)/(B5+B4)",单击【确
定】按钮将表达式加入列表中,弹出【波段运算】对话框,在对话框中给公式中各波段赋值,
并设置输出文件路径,单击【确定】按钮,完成波段运算,如图 14.16 和图 14.17 所示,NDVI
计算结果如图 14.18 所示。

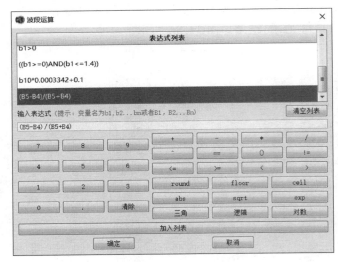

| 图 14.16   NDVI 计算对话框 | 图 14.17   NDVI 计算界面 |

图 14.18

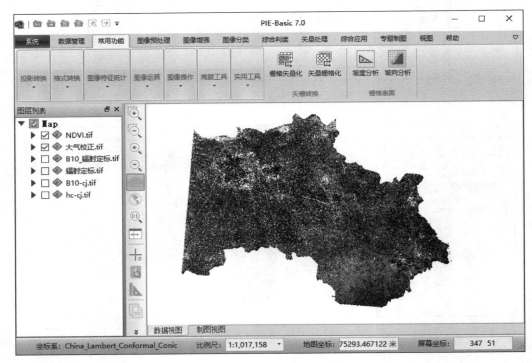

图 14.18   NDVI 计算结果

14.6.5   地表比辐射率计算

（1）计算植被覆盖度。在 PIE-Basic 7.0 主菜单依次单击【常用功能】→【图像运算】→【波段运算】，利用公式计算植被覆盖度，将 NDVI 值大于 0.95 的赋值为 1，小于 0.05 的赋值为 0，0.05～0.95 的赋值为"((b1−0.05)/(0.95−0.05))"，故公式为(b1<0.05) * 0+

$(b1>0.95)*1+(b1>=0.05\ AND\ b1<=0.95)((b1-0.05)/(0.95-0.05))$，b1 选择 NDVI 数据，选择输出文件位置。植被覆盖度计算对话框如图 14.19、图 14.20 所示，计算结果如图 14.21 所示。

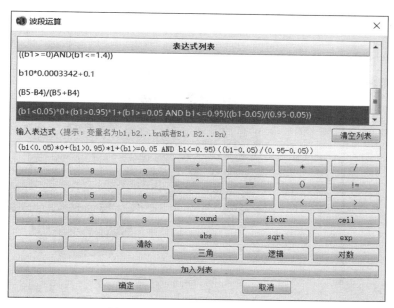

图 14.19 植被覆盖度计算对话框

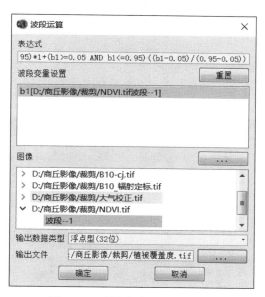

图 14.20 【波段变量设置】界面

（2）计算地表比辐射率。在 PIE-Basic 7.0 主菜单依次单击【常用功能】→【图像运算】→【波段运算】，输入通用比辐射率计算公式"$0.004*b1+0.986$"，b1 为植被覆盖度，最后选择输出文件位置。地表比辐射率计算对话框如图 14.22、图 14.23 所示，计算结果如图 14.24 所示。

图 14.21

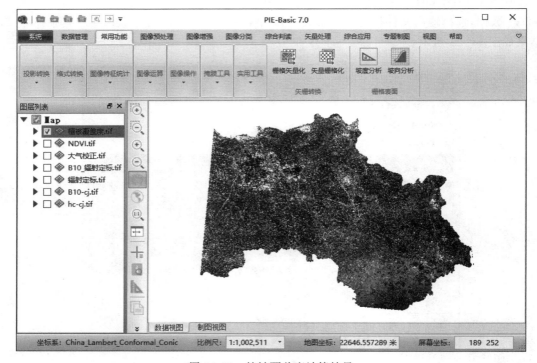

图 14.21 植被覆盖度计算结果

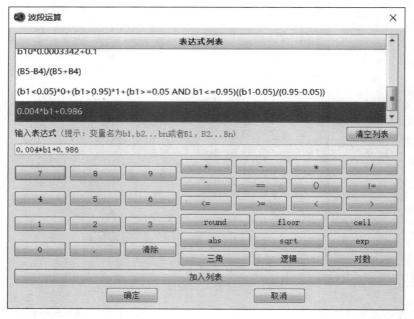

图 14.22 地表比辐射率计算对话框

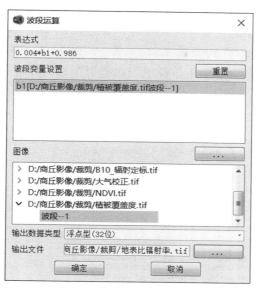

图 14.23 地表比辐射率计算界面

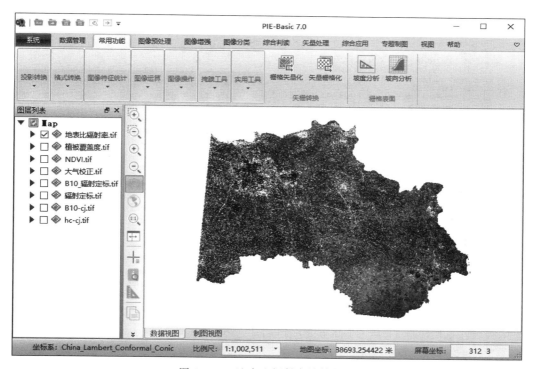

图 14.24

图 14.24 地表比辐射率计算结果

14.6.6 同温度下黑体辐射亮度计算

计算黑体辐射亮度值。在 PIE-Basic 7.0 主菜单依次单击【常用功能】→【图像运算】→
【波段运算】。首先从 USGS 大气校正参数查询网站上查询需要的参数(扫描右侧二维码),

参数查询

网站中各参数设置如图 14.25 所示,得到相关大气参数如图 14.26 所示,实验用到的参数分别为大气透过率、大气向上辐射亮度和大气向下辐射亮度,数值分别为 0.96、0.30 和 0.53。最后根据辐射亮度计算原理得到公式"(b2－0.3－0.96 * (1－b1) * 0.53)/(0.96 * b1)",在【波段运算】→【图像】对话框下 b1 选择地表比辐射率数据,b2 选择热红外波段辐射定标数据,如图 14.27 所示。

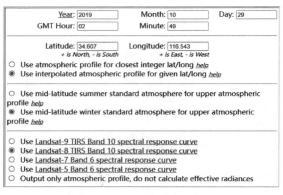

图 14.25　网站参数设置

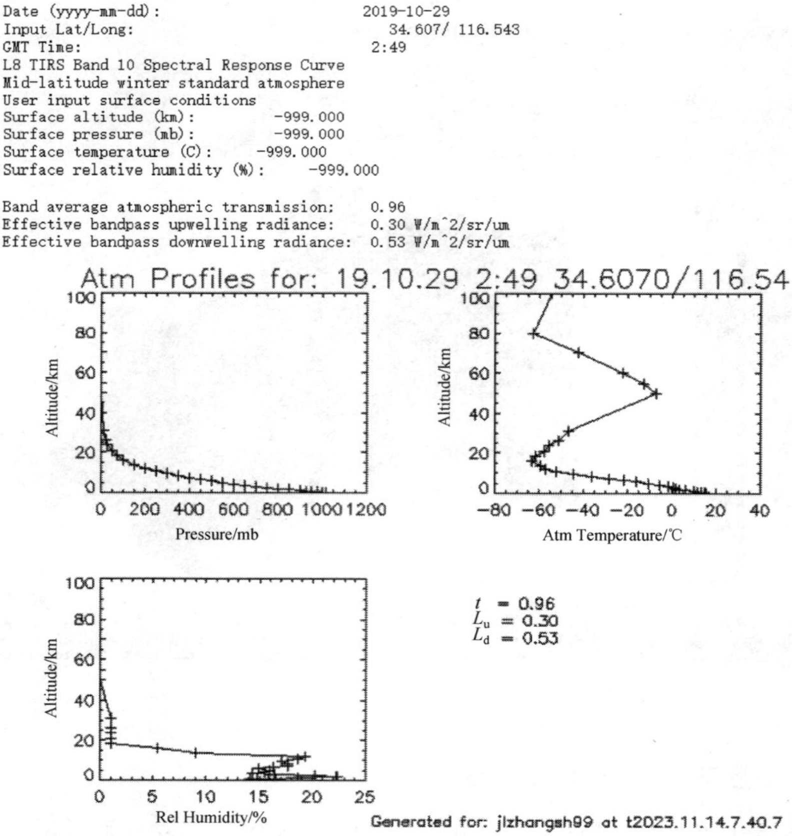

```
Date (yyyy-mm-dd):                      2019-10-29
Input Lat/Long:                         34.607/ 116.543
GMT Time:                               2:49
L8 TIRS Band 10 Spectral Response Curve
Mid-latitude winter standard atmosphere
User input surface conditions
Surface altitude (km):         -999.000
Surface pressure (mb):         -999.000
Surface temperature (C):       -999.000
Surface relative humidity (%):  -999.000

Band average atmospheric transmission:  0.96
Effective bandpass upwelling radiance:  0.30 W/m^2/sr/um
Effective bandpass downwelling radiance: 0.53 W/m^2/sr/um
```

Atm Profiles for: 19.10.29 2:49 34.6070/116.54

$t = 0.96$
$L_u = 0.30$
$L_d = 0.53$

Generated for: jlzhangsh99 at t2023.11.14.7.40.7

图 14.26　大气参数结果

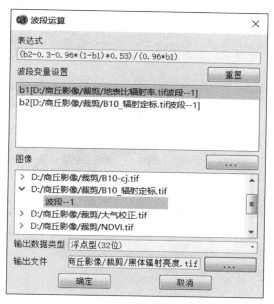

图 14.27　给变量 b1 和 b2 赋予相应波段的对话框

14.6.7　地表温度反演

在 PIE-Basic 7.0 主菜单依次单击【常用功能】→【图像运算】→【波段运算】,根据辐射亮度值计算地表温度值,具体公式为:$(1321.08)/\ln(774.89/b1+1)-273$,如图 14.28 所示,最后得到地表温度结果如图 14.29 所示。

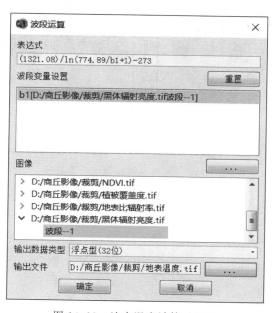

图 14.28　地表温度计算对话框

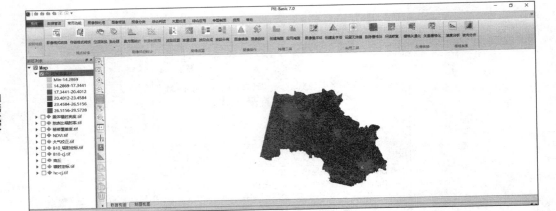

图 14.29 地表温度反演结果

14.6.8 专题制图

地表温度反演结果专题图如图 14.30 所示。

图 14.30

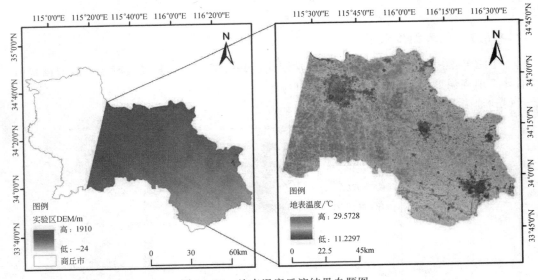

图 14.30 地表温度反演结果专题图

实验 15
积雪覆盖信息提取

15.1　实验要求

根据实验区域的哨兵 2 号影像数据,进行如下分析。

(1) 利用归一化差异积雪指数提取研究区域的积雪覆盖,分析其空间变化。

(2) 利用归一化差异水体指数进行水体识别,排除积雪提取中的水体干扰。

(3) 使用 PIE-Basic 软件进行波段计算、掩膜创建与应用,以及结果的制图输出。

利用哨兵 2 号 L2A 产品影像数据,提取积雪的空间分布图像,对积雪空间分布进行分析。

15.2　实验目标

(1) 掌握积雪数据提取的一般思路与方法。

(2) 学习使用 PIE-Basic 软件进行积雪数据的处理与分析。

15.3　实验软件

软件:PIE-Basic 7.0。

15.4　实验区域与数据

15.4.1　实验数据

1. 数据源

<Lsx>:2023 年 12 月 29 日获取的梨树县及其周边区域的哨兵 2 号 L2A 影像。

<Shp>:梨树县矢量数据。

2. 哨兵数据介绍

1) 哨兵2号数据介绍

哨兵2号(Sentinel2)卫星是欧洲航天局(ESA)发射的地球观测卫星,其主要任务是监测地表变化和管理自然资源。L2A级数据提供了表面反射率(BOA)信息,适合进行详细的地表特征分析。这些数据覆盖了可见光到近红外波段,极大地促进了农业、森林、土地利用分类以及城市规划等领域的研究。L2A数据经过大气校正,提供10m、20m和60m 3种空间分辨率,支持复杂的地表分析任务,如精确农业和环境监测等。这使得哨兵2号成为全球环境和地表监测的重要工具。

2) 文件格式

文件主要采用JPEG2000格式,优化了存储与传输效率。

3) 空间分辨率和数据组织

空间分辨率和对应波段特征如表15.1所示。

表 15.1　空间分辨率和对应波段特征(参考:ESA 官网信息)

分辨率	包含波段及特征
10m	波段2~波段4、波段8,真彩色图像(TCI),从20m处重新采样的气溶胶光学厚度(AOT)和水蒸气含量(WVP)图
20m	波段1~波段7、波段8A、波段11和波段12,真彩色图像,场景分类图像(SCL),AOT和WVP图
60m	基于20m产品重新采样到60m的所有波段,波段1和波段9、真彩色图像、场景分类图像、AOT和WVP图

本实验将主要使用10m分辨率的波段3和波段8以及20m分辨率的波段11进行分析,辅以场景分类图像进行掩膜应用,优化积雪数据提取效果。

3. 数据来源

哨兵2号数据:ESA官网。

梨树县行政区划图:国家地理信息公共服务平台。

15.4.2　实验区域

梨树县位于吉林省西南部的松辽平原腹地,地理坐标为北纬 $43°02'\sim43°46'$,东经 $123°45'\sim124°53'$,位置概况如图15.1所示。该县面积为 $3232km^2$,属温带季风气候,四季分明,雨热同季,提供了有利的农作物生长条件。梨树县地势自东南向西北递减,主要土壤类型为富含有机质的肥沃黑土。该县在农业领域发挥着重要作用,作为吉林省重要的玉米等作物生产区,极适合农业生产。

利用高分辨率的哨兵数据和遥感技术对该地区的积雪覆盖信息进行提取研究,能够提供该地区精确的积雪覆盖图并进行促进融化趋势分析,帮助相关部门评估积雪对春季水资源的贡献率和洪水灾害风险的预测,优化灌溉系统,有效保护黑土资源,保证土地利用和产出效率,增强粮食生产能力,进一步实现农业现代化,助力东北粮仓建设,为维护耕地安全和国家粮食安全贡献力量。

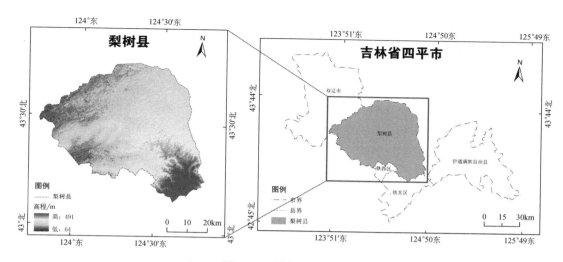

图 15.1　研究区示意图

15.5　实验原理

15.5.1　归一化差异雪盖指数

归一化差异雪盖指数（NDSI）的计算公式如下：

$$NDSI = \frac{Green - SWIR}{Green + SWIR} \qquad (15.1)$$

式中：Green、SWIR 分别为雪的绿光波段和短波红外波段的反射率。

在可见光波段，云和雪的反射率较高；而在短波红外波段，积雪的反射率较低，云反射率较高。NDSI 通过这种差异性区分云和雪，在积雪覆盖区域的识别中显得十分有效。积雪区域通常定义为 NDSI>0.4 的区域。

15.5.2　归一化差异水体指数

归一化差异水体指数（NDWI）由 McFeeters（1996）提出，利用绿光和近红外波段的反射率差异，强调水体与其他地物类型的反射特性差异。NDWI 是一种有效的遥感分析工具，用于从多光谱图像中提取水体信息。NDWI 计算公式如下：

$$NDWI = \frac{Green - NIR}{Green + NIR} \qquad (15.2)$$

式中：NIR 为近红外波段的反射率。

水体在近红外波段的反射率远低于在绿光波段，这使得水体在 NDWI 图像中呈现出高正值，而其他地物（如植被和建筑物）中则呈现负值或接近零。这一特性使得 NDWI 成为从多光谱图像中提取水体信息的重要工具。在水体掩膜过程中，通常将 NDWI>0 的区域识别为水体。

15.6 实验步骤

15.6.1 数据导入与预处理

梨树县积雪研究中,针对哨兵影像数据,研究区共覆盖 4 个区域,分别是 T51TWH 区域、T51TWJ 区域、T51TXH 区域、T51TXJ 区域,操作过程以各波段为维度,对 4 个区域的各个文件分别进行载入与处理(表 15.2)。

表 15.2　波段与研究区影像文件对应情况

波　　段	涉及拼接区域
B03 波段(10m)	T51TWH 区域、T51TWJ 区域、T51TXH 区域、T51TXJ 区域(4 个文件)
B08 波段(10m)	T51TWH 区域、T51TWJ 区域、T51TXH 区域、T51TXJ 区域(4 个文件)
B11 波段(20m)	T51TWH 区域、T51TWJ 区域、T51TXH 区域、T51TXJ 区域(4 个文件)
SCL 文件(20m)	T51TWH 区域、T51TWJ 区域、T51TXH 区域、T51TXJ 区域(4 个文件)

1. 影像导入

在 PIE-Basic 7.0 主菜单中单击【数据管理】→【多光谱数据加载】→【其他】→【哨兵 2 号】,如图 15.2 所示。

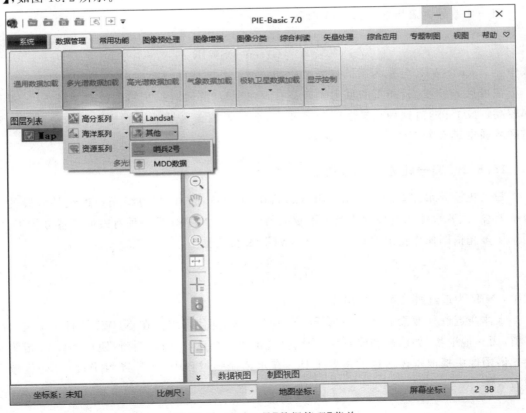

图 15.2　哨兵 2 号【数据管理】菜单

以 B08 波段作为示例,在【打开】对话框,逐一选择 T51TWH 区域、T51TWJ 区域、T51TXH 区域、T51TXJ 区域 4 个区域中 B08 波段文件,如图 15.3 所示,逐一单击【打开】按钮载入影像,结果如图 15.4 所示。

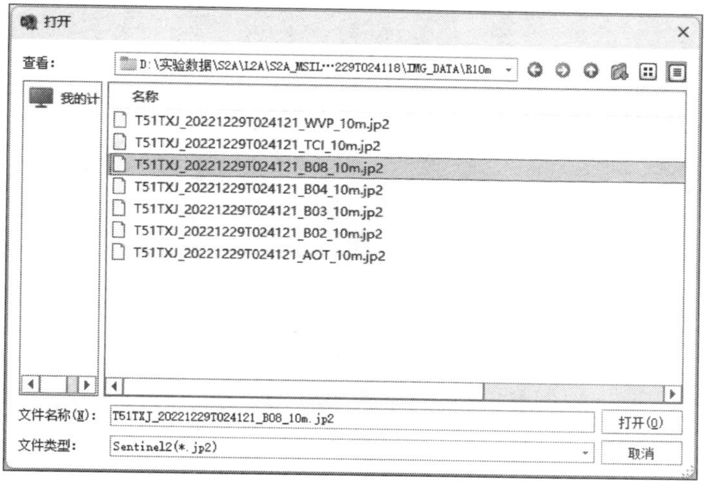

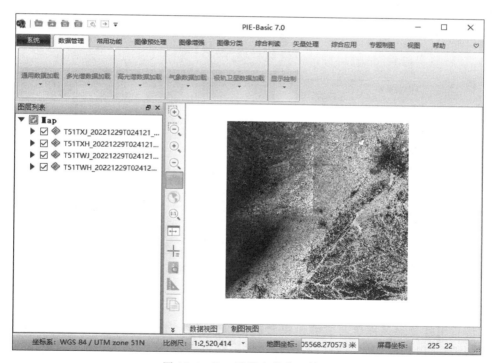

图 15.3   T51TXJ 区域 B08 波段文件载入对话框

图 15.4   B08 波段文件载入结果

2. 图像拼接

在 PIE-Basic 7.0 主菜单中单击【图像预处理】→【图像拼接】→【快速拼接】,如图 15.5 所示。在新弹出的【快速拼接】对话框,分别添加 B08 波段涉及的四景影像,如图 15.6 所示,设置输出文件路径及文件名"B08波段.tiff",单击【确定】按钮进行拼接,结果如图15.7所示。

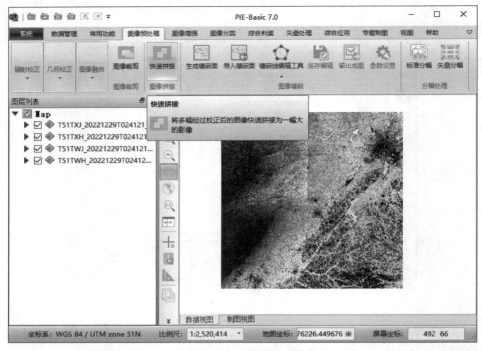

图 15.5　影像【快速拼接】菜单

图 15.6　B08波段【快速拼接】对话框

3. 重采样

图像重采样是对采样后形成的由离散数据组成的数字图像按所需的像元位置或像元间距重新采样,以构成几何变换后的图像。重采样过程本质上是图像恢复过程,它用输入的离散数字图像重建代表原始图像二维连续函数,再按新的像元间距和像元位置进行采样,其数学过程是根据重建的连续函数(曲线),用周围若干像元点的值估计或内插出新采样的值,相当于用采样函数与输入图像作二维卷积运算。图像重采样的目的是调整图像分辨率,使各波段的分辨率统一。

单击【常用功能】→【实用工具】→【图像重采样】,如图15.8所示,将实验所用到的"SCL

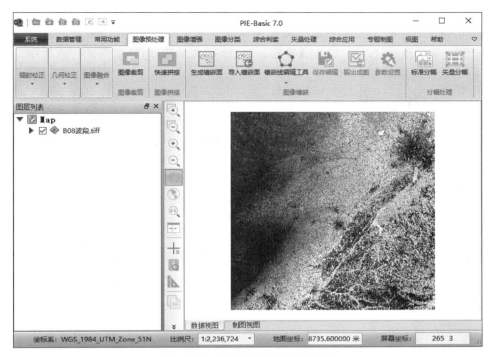

图 15.7　B08 波段快速拼接结果

（20m）"和"波段 11（20m）"重新采样至与"波段 3（10m）"和"波段 8（10m）"影像分辨率一致。

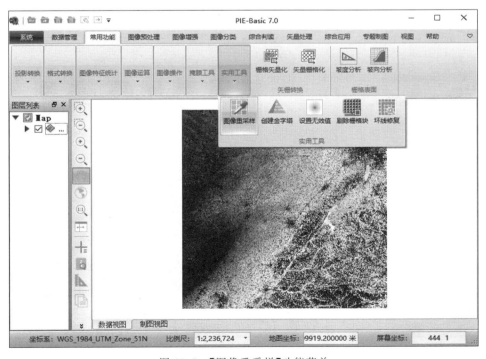

图 15.8　【图像重采样】功能菜单

在【图像重采样】对话框,如图 15.9 所示,选择输入文件"SCL 波段.tiff",勾选"波段:1",【采样方法】设置为"最近邻域法",分辨率均设置为 10m,行列数用默认设置,设置输出文件为"SCL 文件重采样.tiff",单击【确定】按钮进行重采样,结果如图 15.10 所示。同理,B11 波段重采样结果如图 15.11 所示。

图 15.9　【图像重采样】参数设置

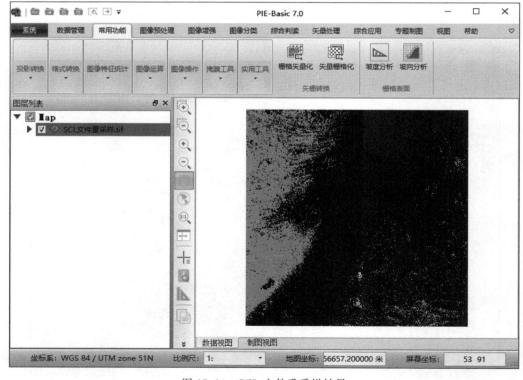

图 15.10　SCL 文件重采样结果

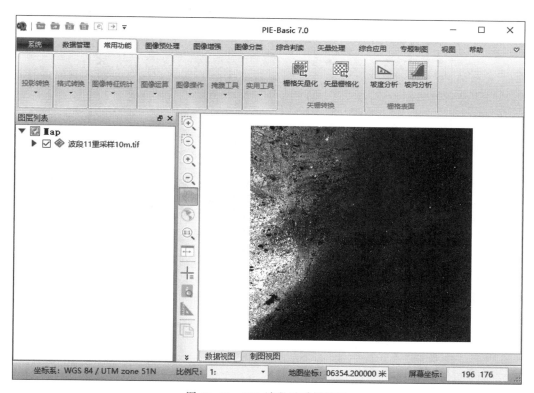

图 15.11

图 15.11　B11 波段重采样结果

15.6.2　波段运算

使用波段运算工具可以进行波段间的运算。由于每个用户都有独特的需求,利用此工具,用户可以自己定义处理算法,应用到特定波段。波段运算实质上是对每个像素点对应的像素值进行数学运算,运算表达式中的每一个变量可以是同一幅影像中的不同波段,也可以是不同影像中的波段,但要求输入影像的幅宽大小保持一致(即进行运算的所有波段需要求行数与列数保持一致)。

1. NDSI 计算

单击【常用功能】→【图像运算】→【波段运算】,如图 15.12 所示。

在【波段运算】对话框中,输入 NDSI 指数表达式"(b3－b11)/(b3＋b11)",单击【加入列表】按钮→【确定】按钮,完成输入。

在新弹出的对话框进行波段变量赋值,在【波段变量设置】中,单击 b3 变量,将【图像】框中的"B03 波段.tiff 波段--1"赋值给 b3 变量,"波段 11 重采样 10m.tif 波段--1"赋值给b11 变量,如图 15.13 所示,设置输出文件路径和名称"波段计算 NDSI.tif",其他设置用默认选项,单击【确定】按钮完成表达式赋值和 NDSI 运算,结果如图 15.14 所示。

2. NDWI 计算

在【波段运算】对话框,输入 NDWI 表达式"(b3－b08)/(b3＋b08)",单击【加入列表】按钮→【确定】按钮,完成输入,如图 15.15 所示。

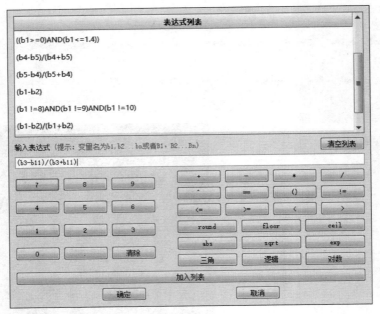

图 15.12　NDSI 指数表达式输入界面

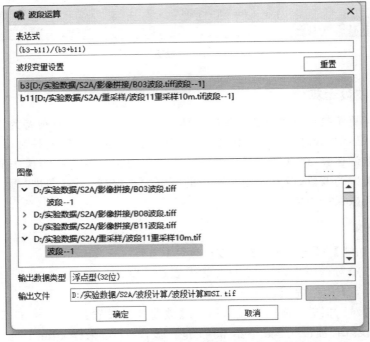

图 15.13　【波段运算】中 NDSI 指数运算-变量设置

在新弹出的对话框进行波段变量赋值,在【波段变量设置】中,单击 b3 变量,将【图像】框中的"B03 波段.tiff 波段--1"赋值给 b3 变量,"B08 波段.tiff 波段--1"赋值给 b8 变量,如图 15.16 所示,设置输出文件路径和名称"波段计算 NDWI.tif",其他设置为默认选项,单击【确定】按钮完成表达式赋值和 NDWI 运算,结果如图 15.17 所示。

图 15.14

图 15.14 【波段运算】NDSI 指数运算结果

图 15.15 【波段运算】中 NDWI 指数运算的表达式输入界面

图 15.16 【波段运算】中 NDWI 指数运算变量设置

图 15.17

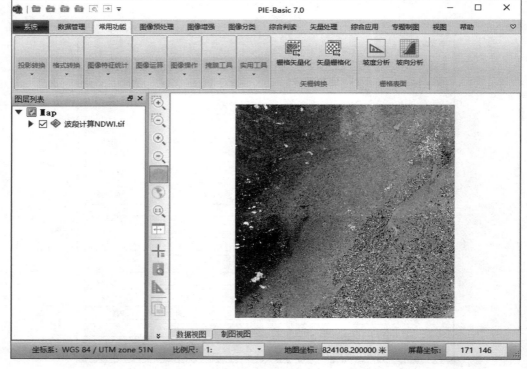

图 15.17 【波段运算】中 NDWI 指数运算结果

15.6.3　掩膜处理

掩膜工具的主要功能是创建和应用掩膜。掩膜是一个由 0 和 1 组成的二值图像。当对一幅图像应用掩膜时,1 值的区域被保留,0 值的区域被舍弃(1 值区域被处理,0 值区域被屏蔽,不参与计算)。

操作过程中根据阈值设置条件的复杂程度,对于水体掩膜直接采用掩膜工具进行处理,云掩膜操作通过波段运算工具实现。

1. 创建水体掩膜

单击【常用功能】→【掩膜工具】→【创建掩膜】,如图 15.18 所示。

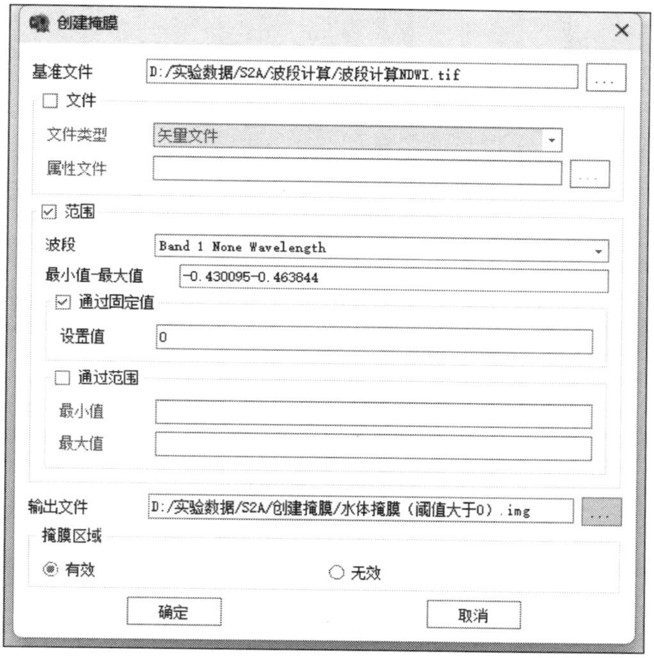

图 15.18　【创建掩膜】对话框

在【创建掩膜】对话框,【基准文件】选择"波段计算 NDWI.tif",勾选【范围】,设置【通过固定值】为"0"(即大于 0 为水体),选择输出文件的路径和名称"水体掩膜(阈值大于 0).img",设置【掩膜区域】为"有效",单击【确定】按钮创建水体掩膜,结果如图 15.19 所示。

2. 创建云掩膜

采用经重采样至 10m 的 SCL 场景分类图,以利用其高分辨率特征实现云掩膜操作。SCL 文件通过场景分类算法识别云、雪及云阴影,并生成包含多种地物类型的分类图(如云、卷云、云阴影、植被、水体和积雪)。该算法基于大气顶层(TOA)反射率、波段比率、NDVI 和 NDSI 等指标进行多阈值测试,每项测试都有相应的置信等级,输出包括云掩膜和雪掩膜质量指标。此外,算法还整合了数字高程模型和土地覆盖数据,利用哨兵 2 号 MSI 的视差特性,提高分类精度。分类的具体信息如表 15.3 所示。

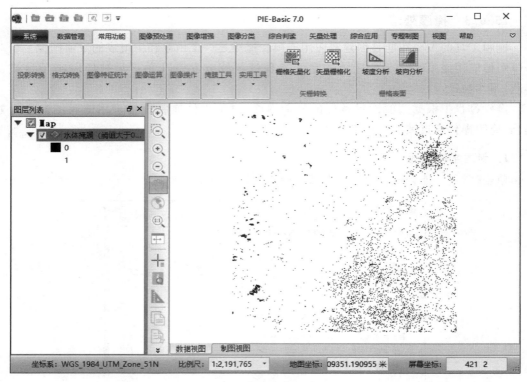

图 15.19   创建水体掩膜结果

表 15.3   SCL 文件栅格编码值对应属性表（参考：ESA 官网资料）

编码值	类　　型	编码值	类　　型
0	NO_DATA	6	WATER
1	SATURATED_OR_DEFECTIVE	7	UNCLASSIFIED
2	CAST_SHADOWS	8	CLOUD_MEDIUM_PROBABILITY
3	CLOUD_SHADOWS	9	CLOUD_HIGH_PROBABILITY
4	VEGETATION	10	THIN_CIRRUS
5	NOT_VEGETATED	11	SNOW or ICE

单击【常用功能】→【图像运算】→【波段运算】，对云进行掩膜处理，排除中高概率云和卷云。如图 15.20 所示，在【波段运算】对话框，输入条件表达式"（b1 !＝8）AND（b1 !＝9）AND（b1 !＝10）"，单击【加入列表】按钮→【确定】按钮，完成输入。

在新弹出的对话框进行波段变量赋值，在【波段变量设置】中，单击 b1 变量，将【图像】框中的"SCL 文件重采样. tif 波段--波段 1"赋值给 b1 变量，如图 15.21 所示，设置输出文件路径和名称"云掩膜-波段计算. tif"，其他选项使用默认设置，单击【确定】按钮完成表达式赋值和云掩膜创建运算，结果如图 15.22 所示。

3. 应用水体掩膜

应用前文的"水体掩膜创建"结果，进行掩膜应用，单击【常用功能】→【掩膜工具】→【应用掩膜】，如图 15.23 所示。

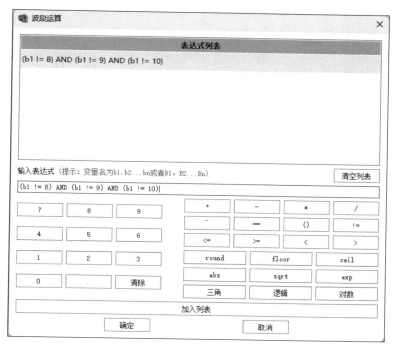

图 15.20 【波段运算】中云掩膜创建的表达式输入界面

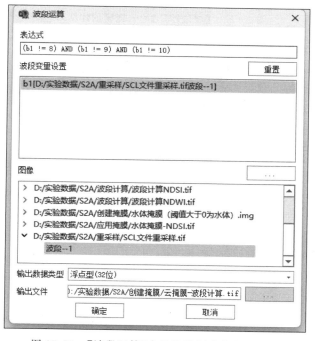

图 15.21 【波段运算】中云掩膜创建的变量设置

在【应用掩膜】对话框,输入文件选择经 NDSI 计算之后的结果文件"波段计算 NDSI.tif",【掩膜文件】选择"水体掩膜(阈值大于 0).img",【掩膜值】设置为 0,如图 15.24 所示,单击【确定】按钮应用掩膜,屏蔽水体区域,结果如图 15.25 所示。

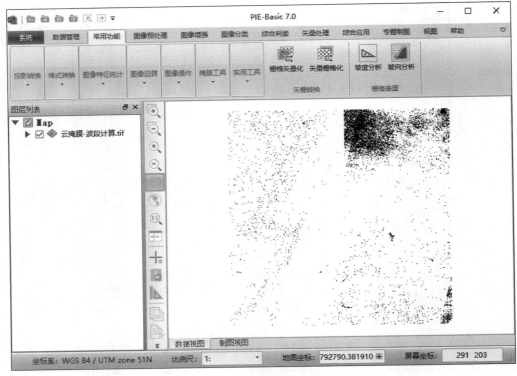

图 15.22 【波段运算】的云掩膜创建结果

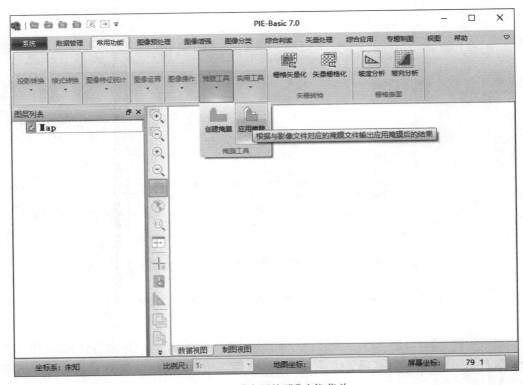

图 15.23 【应用掩膜】功能菜单

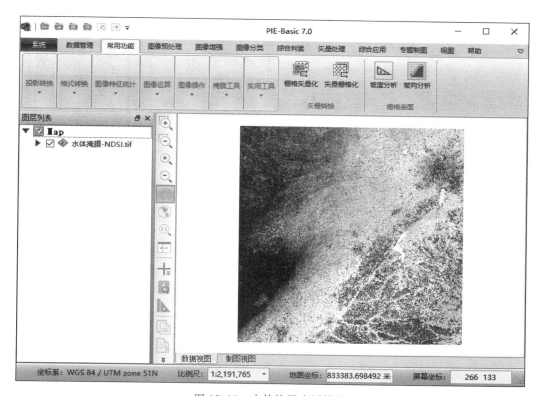

图 15.24 水体掩膜应用配置对话框

图 15.25 水体掩膜应用结果

图 15.25

4. 应用云掩膜

应用云掩膜创建结果和应用水体掩膜结果，单击【常用功能】→【图像运算】→【波段运算】，在【波段运算】窗口，输入条件表达式"b1 * b2"，如图 15.26 所示，单击【加入列表】按钮→【确定】按钮，完成输入。

在新弹出的对话框进行波段变量赋值，在【波段变量设置】中，单击 b1 变量，将【图像】框中的"云掩膜-波段计算.tif 波段--1"赋值给 b1 变量，如图 15.27 所示，设置输出文件路径和名称"云掩膜-水体掩膜-NDSI.tif"，其他选项使用默认设置，单击【确定】按钮完成表达式赋值和云掩膜应用运算，屏蔽云区域，结果如图 15.28 所示。

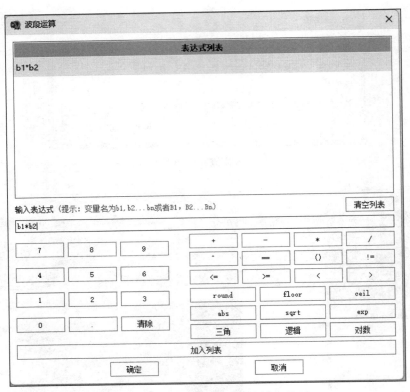

图 15.26 应用云掩膜表达式输入界面

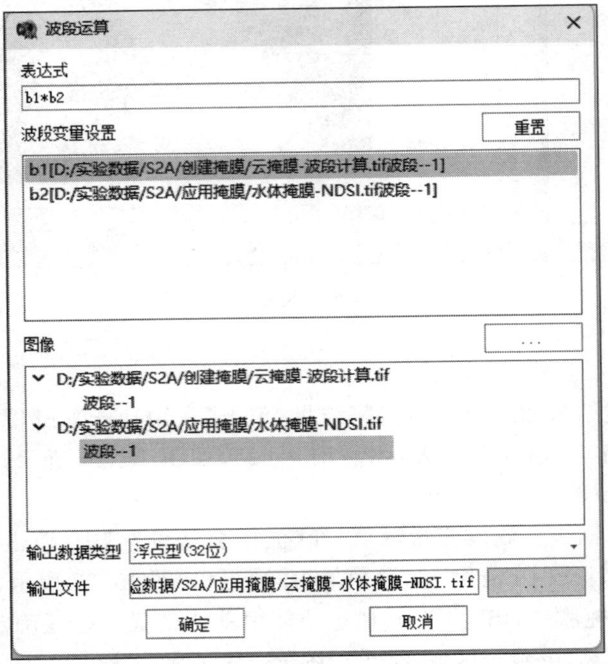

图 15.27 应用云掩膜变量设置

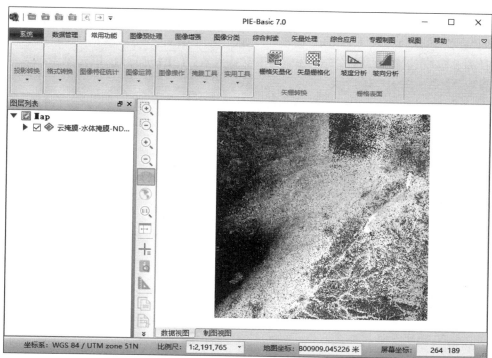

图 15.28

图 15.28 云掩膜应用结果

15.6.4 研究区积雪提取

1. 阈值法提取积雪

利用【波段运算】工具，设置 NDSI>0.4 作为积雪识别的条件。

单击【常用功能】→【图像运算】→【波段运算】，输入条件表达式"B1>0.4"，如图 15.29 所示，单击【加入列表】按钮→【确定】按钮，完成输入。

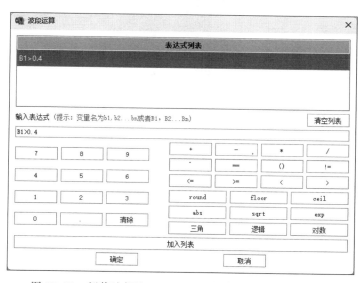

图 15.29 阈值法提取 NDSI>0.4 的像元表达式输入界面

在新弹出的对话框进行波段变量赋值,在【波段变量设置】中,单击 b1 变量,将【图像】框中的"云掩膜-水体掩膜-NDSI. tif 波段--1"赋值给 b1 变量,如图 15.30 所示,设置输出文件路径和名称"积雪提取. tif",其他选项使用默认设置,单击【确定】按钮完成表达式赋值和积雪提取,结果如图 15.31 所示。

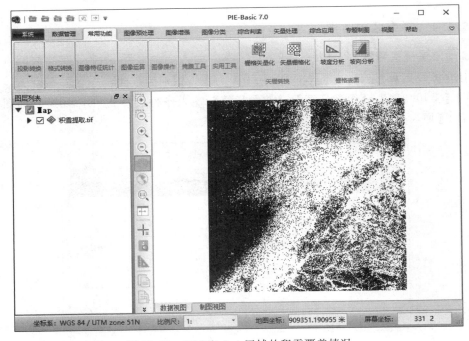

图 15.30　阈值法提取 NDSI>0.4 的像元变量设置

图 15.31　NDSI>0.4 区域的积雪覆盖情况

2. 提取研究区范围内积雪像元

单击【图像预处理】→【图像裁剪】,如图 15.32 所示。

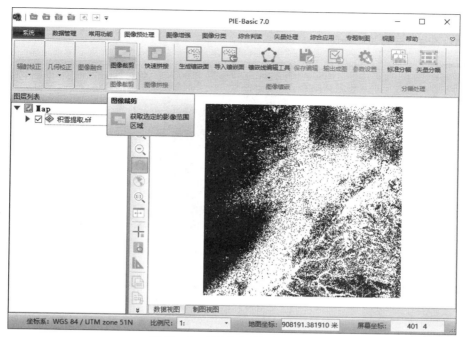

图 15.32 【图像裁剪】功能菜单

在【图像裁剪】对话框，【输入文件】选择"积雪提取.tif"，【裁剪方式】勾选【文件】选项，添加矢量文件 lishuxian-project.shp，设置输出文件的路径和名称"梨树县区域-积雪提取.tif"，如图 15.33 所示，单击【确定】按钮裁剪影像，提取梨树县区域的积雪分布影像，结果如图 15.34 所示。

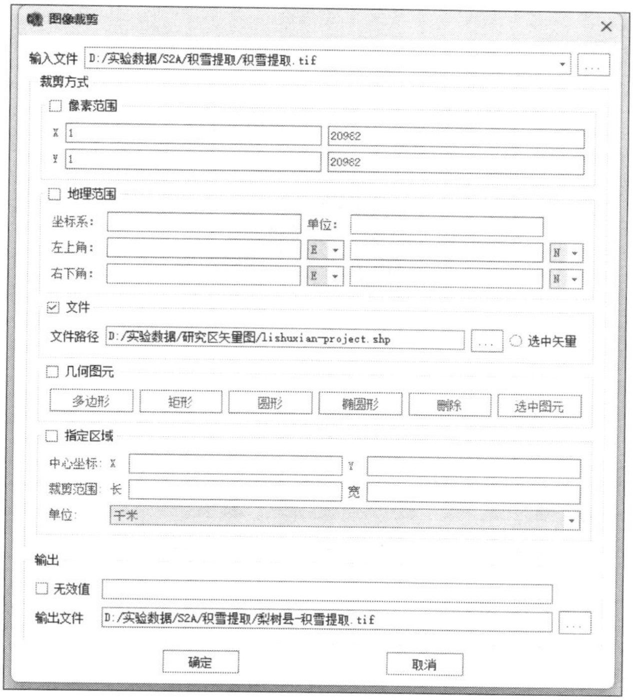

图 15.33 【图像裁剪】配置对话框

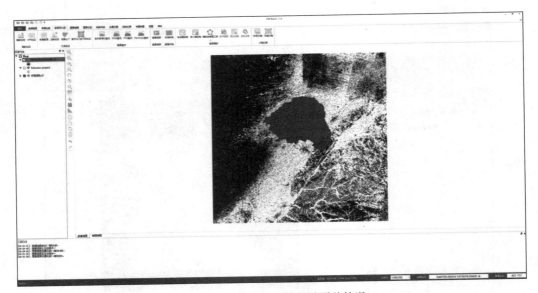

图 15.34 梨树县区域积雪覆盖情况

15.6.5 专题制图

单击【专题制图】→【制图视图】,在【图层列表】导入"梨树县区域-积雪提取.tif"图层,如图 15.35 所示,根据实际需要更改布局,选择添加文本、内图廓线、指北针、比例尺和图例等元素完善版面布局。

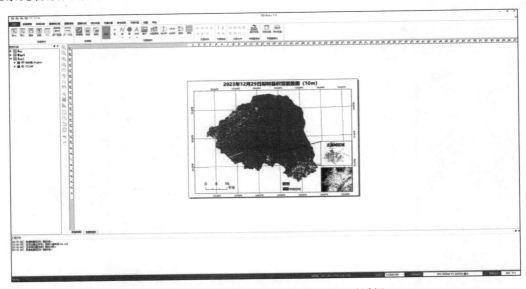

图 15.35 【专题制图】功能菜单与配置对话框

单击【专题制图】→【专题图输出】→【导出地图】,在【导出地图】对话框设置输出路径及文件名"积雪覆盖图.png",根据需要设置 DPI、宽度、高度,如图 15.36 所示,单击【确定】按钮导出地图,结果如图 15.37 所示。

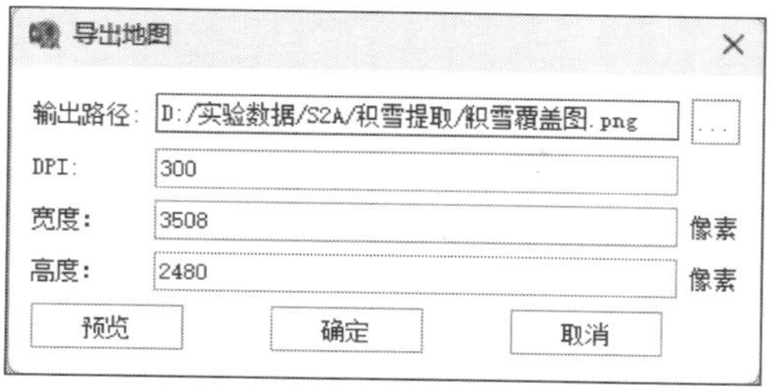

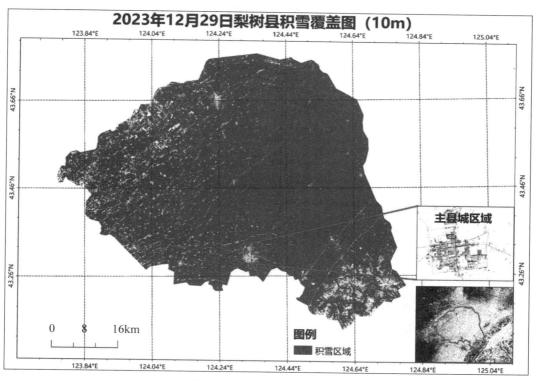

图 15.36 【导出地图】参数配置对话框

图 15.37 梨树县积雪覆盖图

实验 16

城市不透水面的解译

16.1　实验要求

根据 2018 年四平市哨兵 2 号多光谱影像数据，完成下列分析。

（1）利用最大似然法对城市不透水面进行提取。

（2）使用城市建成区指数提取四平市不透水面。

16.2　实验目标

（1）了解城市不透水面概念。

（2）熟悉运用谷歌地球（Google Earth Pro）软件采集不透水面样本。

（3）学习掌握城市不透水面的解译与提取方法。

16.3　实验软件

软件：PIE-Basic 7.0、Google Earth Pro。

16.4　实验区域与数据

16.4.1　实验数据

＜xq02＞：2018 年的四平市哨兵 2 号多光谱影像数据。

＜四平市.shp＞：四平市矢量边界数据。

16.4.2　实验区域

四平市，吉林省西南部地级市，是东北地区重要的交通枢纽和物流节点城市。四平市地处松辽平原中部腹地,位于 42°31′N～44°09′N 和 123°17′E～125°49′E 之间,总面积 1.03 万 km²,其中市区面积 1100km²,区域位置概况如图 16.1 所示。四平市地势东南高,西北低,海拔 100～500m。东南部属低山丘陵地带,西部为波状平原地带,中部地区较为平坦,是农作物主要种植区。研究区属于中温带湿润季风气候区,夏季湿热多雨,年降水量平均 630mm,全年日照时数 2648.4h。境内主要河流为东辽河及其支流,水资源总量为 23.99 亿 m³。

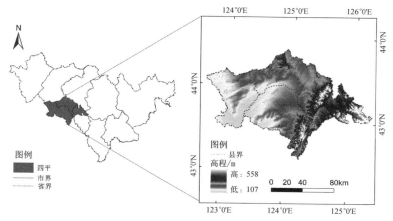

图 16.1　四平市区域概况图

该区自然资源丰富,土壤肥沃,地貌类型多样,经济作物以葵花籽、甜菜为主,有良好的矿产地质条件,含矿现象普遍,森林覆盖面积较大,达 30.65 万 hm²,优越的资源储备带动了四平市的现代城市化建设。四平市是吉林、黑龙江及内蒙古东部地区通向沿海口岸和环渤海经济圈的必经之路。四平市位于哈长沈大一级发展轴上,是哈长城市群南部的桥头堡、吉林省中部创新转型核心区重要战略支点市。四平市以四平主城区为核心,形成了"北融南开"的发展轴、交通轴、物流轴、开放轴、政治文化交流轴,城市经济发展迅速,区域建设面积逐渐扩大。

16.5　实验原理

不透水面(impervious surface area,ISA)指阻止地表水渗入地表以下的自然或人工设施和结构,如建筑物、停车场、广场、公路等。随着经济政策的不断完善、城市化进程的快速发展,农业种植区域逐渐缩小,城市建设用地扩张明显,不透水面所占区域比例逐渐提高、影响面积持续增大。不透水面的正向变化常会导致城市内涝、热岛效应、水体污染等不良影响,因此不透水面作为衡量城市发展情况的指标,对于区域治理规划、温度气候调节、生态环境保护等具有重要意义。

卫星传感器的更迭发展与遥感数据的开放获取,使不透水面的数据源的分辨率和准确度都有了大幅度提升,不透水面数据获取来源主要包括哨兵系列、Landsat 系列以及高分系列卫星。不透水面的提取方法应用最广泛的主要有指数法和光谱法,指数法依据地物在不同波段反射特性的差异,构建指数模型,对目标地物的光谱表现效果进行有规律的增减,满足提取需求。城市建成区指数(BUAI)综合了归一化建筑指数(NDBI)和 NDVI 的优点,增

强了城市不透水面信息的响应能力,能够有效地实现城市不透水面的提取,公式如下:

$$NDBI = \frac{MIR - NIR}{MIR + NIR} \qquad (16.1)$$

$$NDVI = \frac{NIR - Red}{NIR + Red} \qquad (16.2)$$

$$BUAI = NDBI - NDVI \qquad (16.3)$$

式中:MIR 为中红外波段反射率。

光谱法是使用中高分辨率的遥感影像进行解译实现城市不透水面的提取,本实验使用最大似然法对 Landsat 影像进行分类,从而进行不透水面的提取。

16.6 实验步骤

16.6.1 主成分分析

(1) 打开 PIE-Basic 软件,加载影像< xq02.dat >,在 PIE-Basic 7.0 主菜单单击【图像增强】→【主成分变换】→【主成分正变换】。

(2) 在弹出的【文件选择】对话框中,【选择输入文件】设为"2018/xq02.dat"(图 16.2),单击【确定】按钮,弹出【主成分正变换】对话框,相关参数设置如图 16.3 所示。

图 16.2 【文件选择】对话框

图 16.3 【主成分正变换】对话框

(3) 单击【确定】按钮,得到主成分分析结果,如图 16.4 所示。

(4) 单击【图像增强】→【主成分变换】→【查看变换统计参数】,在弹出的【打开 PcaSat 文件】对话框中,选择刚刚主成分正变换保存的统计文件"四平.pcasta"(图 16.5),单击【确定】按钮弹出【PcaSta 参数】对话框,如图 16.6 所示,显示了主成分正变换后的各种参数值。

16.6.2 最大似然分类

(1) 借助谷歌地球软件采集样本点。启动谷歌地球,在菜单中单击 图标,将时间条拉到 2018 年 7 月,如图 16.7 所示。

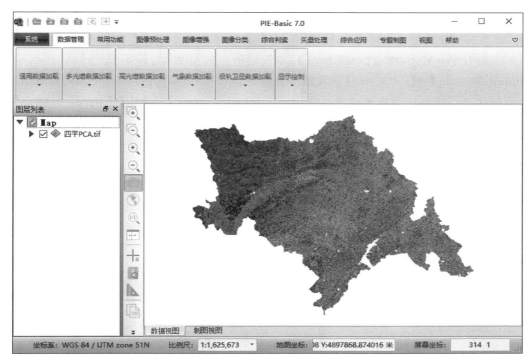

图 16.4 主成分分析结果

图 16.5 【打开 PcaSat 文件】对话框

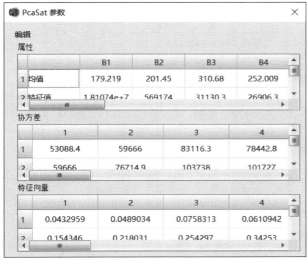

图 16.6 【PcaSat 参数】对话框

图 16.7 时间条显示

　　注意：谷歌地球上影像定位的时间可拖动滑动条改变，读者可根据实际情况设定采样时间，由于本实验所用的影像是 2018 年的，故在谷歌上定位的时间是 2018 年 7 月 30 日。

　　（2）打开 ArcMap，单击【Add Data】，加载四平市矢量数据"四平. kmz"，右击图层在【Symbol Selector】→【Fill Color】下设置填充颜色为"No Color"，【Outline Color】设置为"黑色"，以便于更清晰地在谷歌地球上显示边界。在【ArcToolbox】中单击【Conversion Tools】→【Layer to KML】，如图 16.8 所示，单击【OK】按钮。

　　（3）在谷歌地球中单击【文件】→【打开】，打开在 ArcMap 中转换为 KML 格式的四平市矢量边界文件，如图 16.9 所示。

图 16.9

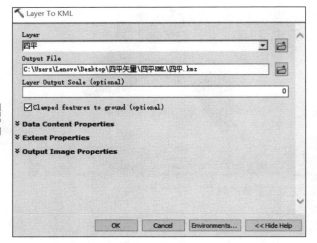

图 16.8　数据转换对话框　　　　　　　　　　图 16.9　数据转换结果图

　　（4）单击菜单栏 工具，在影像上勾画需要分类的地物，本实验需要建立植被、水体和不透水面 3 种地物类别。图 16.10 所示为"水体"多边形参数设置窗口，根据需要可以修改样式、颜色和名称等。

图 16.10　【新建多边形】参数设置

（5）3种地物类别参考样本点采集完成以后，右击"四平"图层，将采集的样本数据文件另存为 KMZ 文件，如图 16.11 所示。

图 16.11　"将位置另存为..."选项

（6）在 ArcMap 中，单击【ArcToolbox】→【Conversion Tools】→【From KML】→【KML to Layer】，选择输入文件，设置输出文件名称，单击【OK】按钮，如图 16.12 所示。右击图层，单击【Data】→【Export Data】，如图 16.13 所示，单击【OK】按钮。

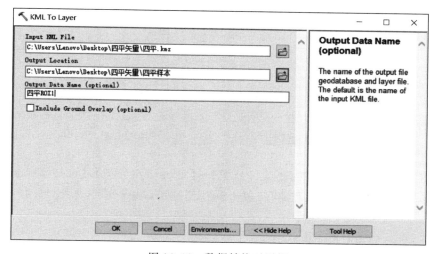

图 16.12　数据转换对话框

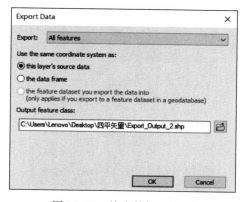

图 16.13　输出数据对话框

（7）加载主成分分析后的图像，以 PC3、PC2、PC1 合成 RGB 显示在数据视图中，打开上一步得到的样本点矢量文件，利用在谷歌地球上采集到的样本点作为辅助数据，在影像上勾画待分类地物的 ROI，单击【图像分类】→【样本采集】→【ROI 工具】，在弹出的【ROI 工具】对话框中分别建立植被、水体和不透水面 3 种解译标志，并赋予不同的颜色，如图 16.14 所示。

（8）选取好样本后，为了确保分类的结果更加准确，需检查样本的精度。单击【图像分类】→【ROI 工具】→【选项】→【计算 ROI 分离】，在弹出的窗口中选择要输出的 ROI，单击【选择全部】→【确定】按钮，计算出 ROI 的可分离性，如图 16.15 所示，类别间的可分离性大于 1.7，满足要求。

图 16.14 【ROI 工具】对话框

图 16.15 ROI 可分离性报告

（9）执行分类。在主菜单单击【监督分类】→【最大似然分类】，【选择文件】选择"四平PCA.tif"，设置输出文件的名称和路径，单击【确定】按钮，执行分类，如图 16.16 所示，分类结果如图 16.17 所示。

图 16.16 【最大似然分类】对话框

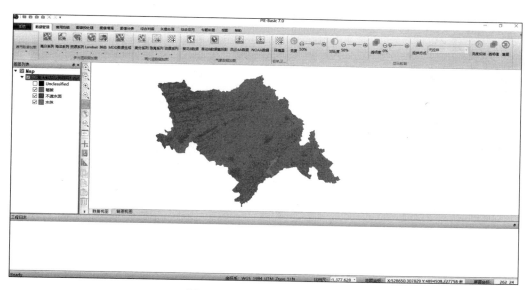

图 16.17　最大似然分类结果

16.6.3　建筑指数法

（1）计算 NDBI。在主菜单中单击【常用功能】→【图像运算】→【波段运算】，在弹出的对话框中输入公式"(b4－b5)/(b4＋b5)"（图 16.18），单击【确定】按钮。在弹出的对话框中为波段赋予波段值（图 16.19），单击【确定】按钮，计算结果如图 16.20 所示。

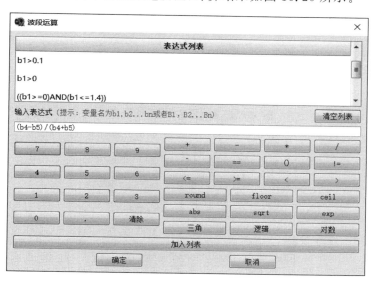

图 16.18　【波段运算】对话框(1)

注意：Landsat 8 数据第 4 波段为 Red，第 5 波段为 NIR。

（2）计算 NDVI。在主菜单中单击【常用功能】→【图像运算】→【波段运算】，在弹出的对话框中输入公式"(b5－b4)/(b5＋b4)"（图 16.21），单击【确定】按钮。在弹出的对话框中为波段赋予波段值（图 16.22），单击【确定】按钮，计算结果如图 16.23 所示。

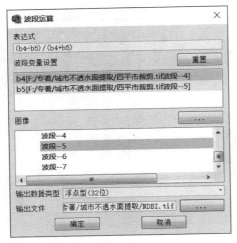

图 16.19　为波段赋予波段值(1)

图 16.20　NDBI 计算结果

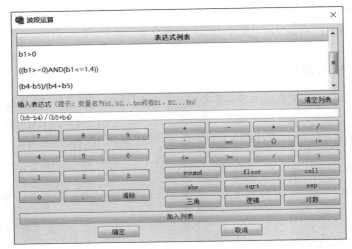

图 16.21　【波段运算】对话框(2)

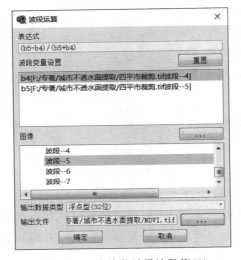

图 16.22　为波段赋予波段值(2)

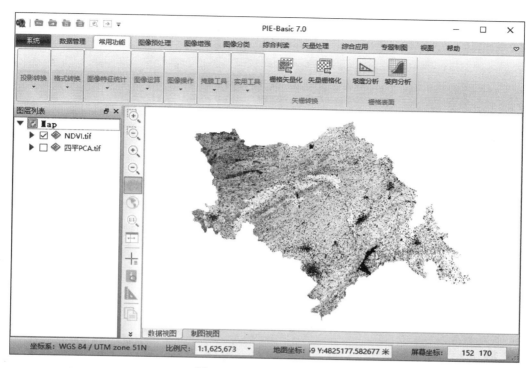

图 16.23

图 16.23　NDVI 计算结果

（3）计算归一化差异水体指数（MNDWI）。在主菜单中单击【常用功能】→【图像运算】→【波段运算】，在弹出的对话框中输入公式"(b3－b4)/(b3＋b4)"（图 16.24），单击【确定】按钮，在弹出的对话框中为变量赋予波段值（图 16.25），单击【确定】按钮，计算结果如图 16.26所示。

图 16.24　【波段运算】对话框（3）

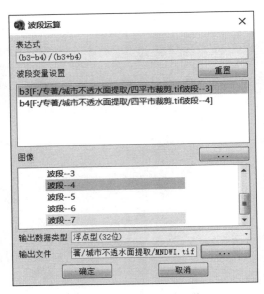

图 16.25　为波段赋予波段值(3)

图 16.26

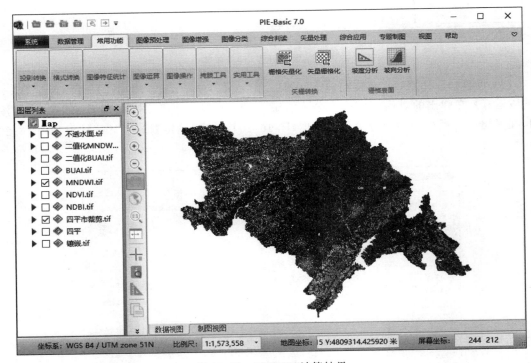

图 16.26　MNDWI 计算结果

　　(4) 计算 BUAI。在主菜单单击【常用功能】→【图像运算】→【波段运算】,在弹出的对话框中输入公式"(b1−b2)"(图 16.27),单击【确定】按钮,在弹出的对话框中 b1 选择文件"NDBI.tif 波段--1",b2 选择文件"NDVI.tif 波段--1"(图 16.28),单击【确定】按钮,图 16.29 所示为计算 BUAI 后的结果。

图 16.27　【波段运算】对话框（4）

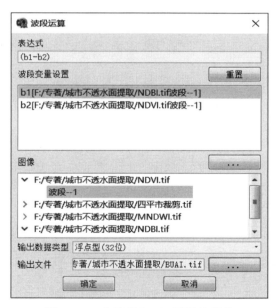

图 16.28　为波段 b1、b2 赋予波段值

（5）二值化 BUAI。即将不透水面值赋为 1，其余地类的值赋为 0。在主菜单中单击【常用功能】→【图像运算】→【波段运算】，在输入栏输入“(b1>=0) ＊ 1＋(b1<0) ＊ 0”（图 16.30），单击【确定】按钮，b1 选择文件“BUAI.tif 波段--1”（图 16.31），单击【确定】按钮。图 16.32 所示为二值化 BUAI 计算结果。

图 16.29

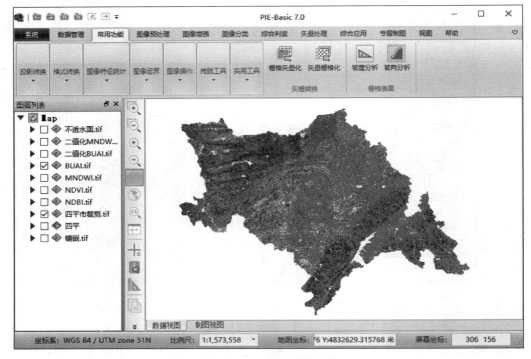

图 16.29 BUAI 计算结果

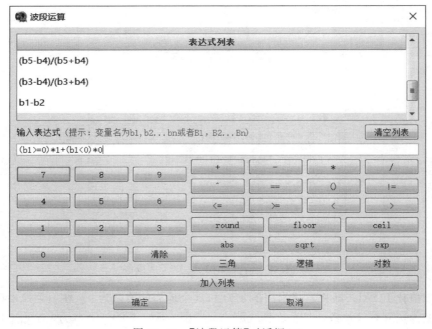

图 16.30 【波段运算】对话框(5)

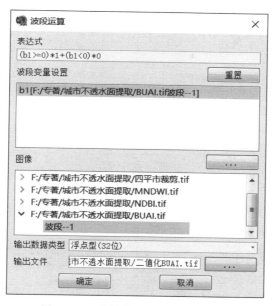

图 16.31　为波段 b1 赋予波段值（1）

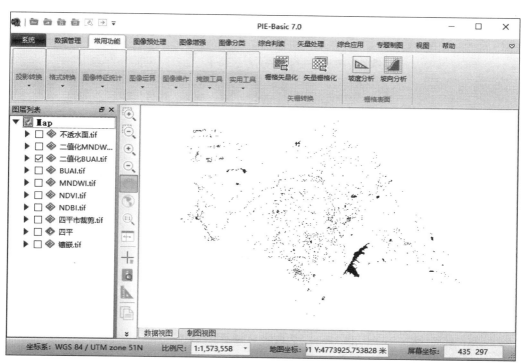

图 16.32　二值化 BUAI 计算结果

（6）放大图像我们可以发现，水体也被划为了不透水面值，为了排除水体的影响，对 MNDWI 进行二值化处理，将水体值赋为 0，其余地类的值赋为 1。在主菜单界面单击【常用功能】→【图像运算】→【波段运算】，在输入栏中输入"(b1>=0)＊0+(b1<0)＊1"（图 16.33），

单击【确定】按钮,在弹出的对话框中 b1 选择文件"MNDWI.tif 波段--1"(图 16.34),单击
【确定】按钮。图 16.35 所示为 MNDWI 二值化的结果。

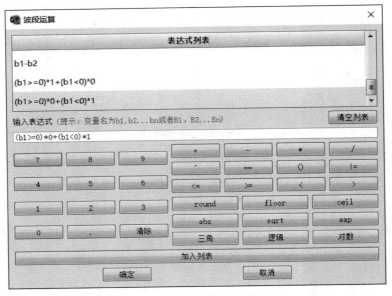

图 16.33　【波段运算】对话框(6)

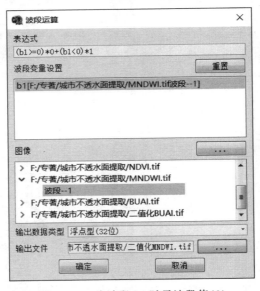

图 16.34　为波段 b1 赋予波段值(2)

　　(7) 去除水体的影响。将 BUAI 二值化后的图像与 MNDWI 二值化后的图像相乘,得
到去除水体后的不透水面图像。在主菜单单击【常用功能】→【图像运算】→【波段运算】,在
输入栏中输入"(b1 * b2)",单击【确定】按钮,b1 选择二值化后的 BUAI 图像,b2 选择二值
化后的 MNDWI 图像,单击【确定】按钮。结果如图 16.36 所示。

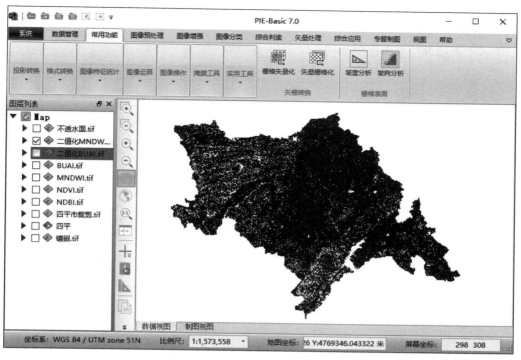

图 16.35　二值化 MNDWI 计算结果

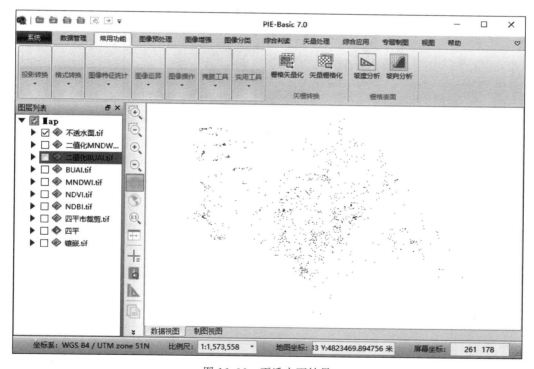

图 16.36

图 16.36　不透水面结果

16.6.4 专题制图

不透水面提取结果专题图如图 16.37 所示。

图 16.37

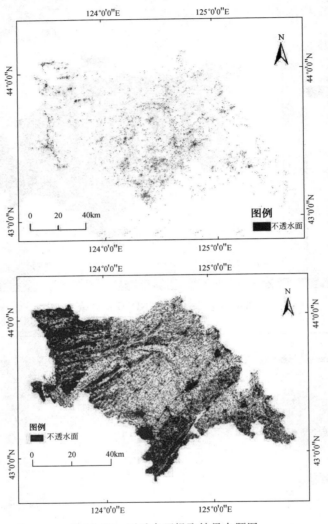

图 16.37 不透水面提取结果专题图

实验 17
植被指数类型的干旱遥感监测

17.1　实验要求

根据地区的遥感影像数据,完成下列分析。

(1) 计算温度植被干旱指数(temperature vegetation dryness index,TVDI)。

(2) 根据 TVDI 划分干旱等级。

17.2　实验目标

掌握 TVDI 的计算方法。

17.3　实验软件

软件:PIE-Basic 7.0。

17.4　实验区域与数据

17.4.1　实验数据

<BD>:2020 年 8 月天津市宝坻区 Landsat 8 OLI(陆地成像仪)多光谱影像数据。

17.4.2　实验区域

宝坻区(图 17.1)位于天津市北部,东及东南与河北省玉田县、天津市宁河区相邻;南及西南与天津市宁河区、武清区接壤;西及西北与河北省香河县、三河市相连;北及东北与天津市蓟州区、河北省玉田县隔河相望。宝坻区总面积 1450km²,南北长 65km,东西宽 24km,地理坐标是东经 117°8′～117°40′,北纬 39°21′～39°50′。宝坻区是天津市的市辖区之一,位于天津市中北部、华北平原北部、燕山山脉南麓,属于华北平原北部的一部分,地处京、津、唐三角地带,临近渤海湾。

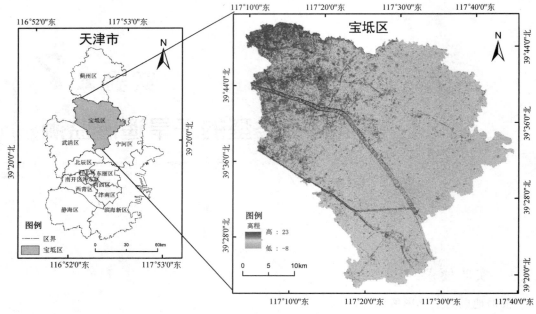

图 17.1　天津市宝坻区

17.5　实验原理

目前,遥感技术提供了多种土壤旱情监测方法,包括光学方法、光学与热红外结合方法以及微波遥感方法。但是仅靠遥感地热辐射信息来探测土壤水分状况存在局限性,因为其他因素可能干扰测量地面温度,使结果不准确。为了克服这一问题,有必要结合 NDVI 和地表温度(LST)进行干旱监测。TVDI 是一种有效的方法,它结合了光学与热红外遥感通道数据,能够反演植被覆盖区域的表层土壤水分状况。作为同时与 NDVI 和地表温度相关的干旱指数,TVDI 可用于干旱监测,尤其是监测特定年内某一时期整个区域的相对干旱程度并可用于研究干旱程度的空间变化特征。

针对某一区域,地表覆盖情况从裸土到茂密的植被冠层变化,土壤湿度也相应地从干旱过渡到湿润状态。在此情境下,该区域每个像元的 NDVI 与 LST 构成的散点图呈现出梯形的分布特征,通过这一特征,可以更直观地理解地表覆盖与土壤湿度之间的关系,并为干旱监测提供有力的依据。

裸土的表面温度与其表层土壤湿度变化紧密相连。随着植被覆盖度的递增,表面温度通常呈下降趋势。在图 17.2 中,点 A 表示干燥的裸露土壤;点 B 表示湿润的裸露土壤;点 D 表示早期密闭的植被冠层,此时土壤干旱且植被蒸腾作用较弱;点 C 表示湿润密闭的冠层,土壤湿润且植被蒸腾作用强烈。AD 作为干边,代表干旱状态;而 BC 作为湿边,则代表湿润状态。区域内每一像元的 NDVI 与 LST 值将分布在 A、B、C、D 4 个极点构成的 NDVI-LST 特征空间内。TVDI 计算公式为

$$\text{TVDI} = (\text{TS} - \text{TS}_{\min})/(\text{TS}_{\max} - \text{TS}_{\min}) \tag{17.1}$$

式中：TS 为任意像元的地表温度；TS_{max} 为 NDVI 值对应的地表温度最高值；TS_{min} 为 NDVI 值对应的地表温度最低值。TVDI 的值域为 $[0,1]$，TVDI 越大，土壤湿度越低；TVDI 越小，土壤湿度越高。

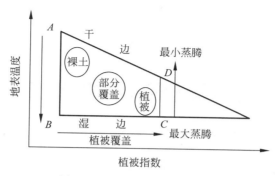

图 17.2　NDVI-LST 特征空间

　　本实验旨在利用 TVDI 有效监测土壤旱情，综合考虑了实验区内不同归一化植被指数以及相同归一化植被指数但不同地表温度的情况，从而取得了良好的地表土壤水分及旱情监测效果。在实验过程中，特别需要注意的是，计算 TVDI 时，应准确获取式（17.1）中的 TS_{max} 和 TS_{min} 值，以确保监测结果的准确性和可靠性。实验要求参考已有的研究成果，将旱情分为 5 级，分别是湿润（0＜TVDI≤0.2）、正常（0.2＜TVDI≤0.4）、轻旱（0.4＜TVDI≤0.6）、干旱（0.6＜TVDI≤0.8）和重旱（0.8＜TVDI≤1.0）。

17.6　实验步骤

17.6.1　NDVI 计算

　　首先在 PIE-Basic 7.0 主菜单单击【数据管理】→【栅格数据】，加载 2020 年天津市宝坻区 Landsat 8 OLI 多光谱影像数据，如图 17.3 所示，由于影像已经过辐射定标、大气校正、

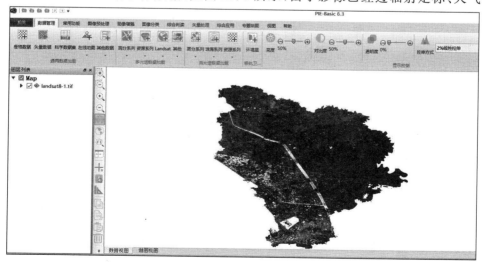

图 17.3　加载数据

裁剪等预处理工作，所以直接进行指数计算即可。单击【常用功能】→【波段运算】输入
NDVI运算公式"(b5−b4)/(b5＋b4)"，如图17.4所示，b5、b4选择对应波段，选择输出路
径，单击【确定】按钮，如图17.5所示。

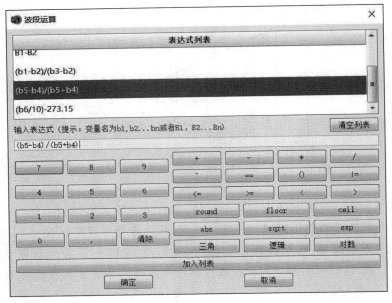

图17.4　NDVI运算界面

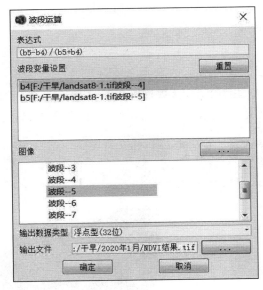

图17.5　NDVI运算

17.6.2　LST 计算

单击【常用功能】→【波段运算】输入 LST 指数计算公式"(b7/10)−273.15"，如图17.6
所示，选择 b7 为对应波段，输入【输出文件】，单击【确定】按钮，如图17.7所示。

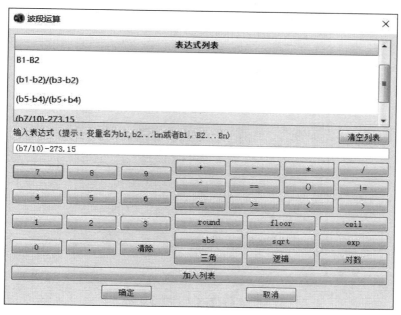

图 17.6　LST 运算界面

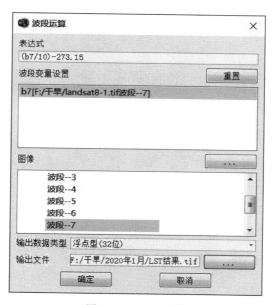

图 17.7　LST 运算

17.6.3　干旱指数计算

（1）获取干湿边方程的系数与拟合相关系数（R2）。在 PIE-Basic 7.0 主菜单单击【综合应用】→【干旱指数】，勾选【LST NDVI】选项，输入 LST 结果和 NDVI 结果，保存输出路径，单击【确定】按钮，如图 17.8 所示。

利用 NDVI 计算干湿边方程时，干边方程是通过 NDVI 值及该 NDVI 值对应的所有像

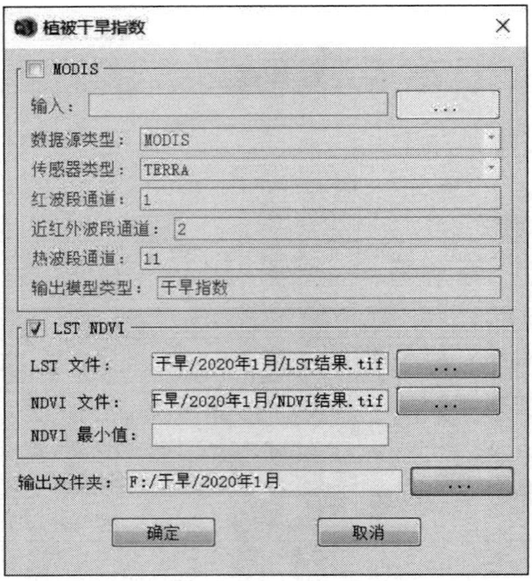

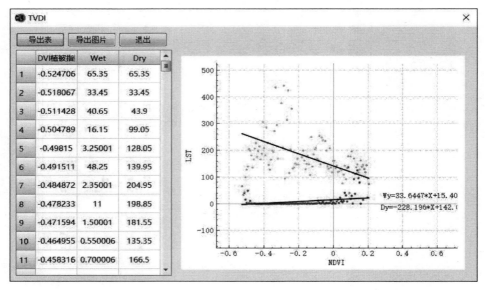

图 17.8 【植被干旱指数】对话框

元中最高的地表温度值进行拟合得到的,湿边方程是通过 NDVI 值及该 NDVI 值对应的所有像元中最低的地表温度值进行拟合得到的。根据图 17.9 的 NDVI-LST 干湿边方程,可得 $a1 = -228.196, b1 = 142.019, a2 = 33.6447, b2 = 15.4074$。

图 17.9　NDVI-LST 干湿边

（2）计算 TS_{max}、TS_{min}。TS_{max}、TS_{min} 的计算公式为：$TS_{min} = a1 + b1 * NDVI$，$TS_{max} = a2 + b2 * NDVI$。在 PIE-Basic 7.0 主菜单单击【常用功能】→【波段运算】,在【波段运算】窗口输入 TS_{max}、TS_{min} 计算公式,选择输出路径,单击【确定】按钮,得出结果如图 17.10～图 17.13 所示。

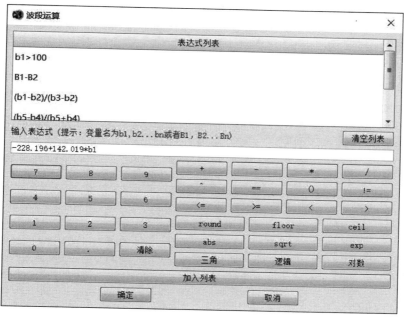

图 17.10　TS_{min} 运算界面

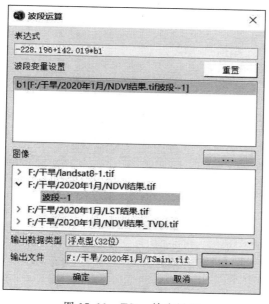

图 17.11　TS_{min} 输出界面

（3）计算 TVDI。计算公式为 $TVDI = (TS - TS_{min})/(TS_{max} - TS_{min})$，其中，TS 表示任意像元的地表温度。在 PIE-Basic 7.0 主菜单单击【常用功能】→【波段运算】，在波段运算对话框输入"(b1-b2)/(b3-b2)"，在弹出的对话框中，b1 选择"LST 结果.tif 波段--1"，b2 选择"TSmin.tif 波段--1"，b3 选择"TSmax.tif 波段--1"，输出存储路径，单击【确定】按钮，如

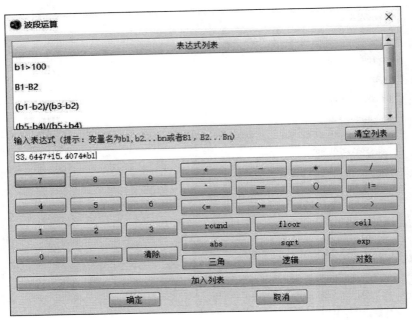

图 17.12 TS$_{max}$ 运算界面

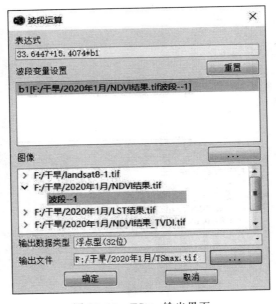

图 17.13 TS$_{max}$ 输出界面

图 17.14 和图 17.15 所示。

（4）获取 TVDI 的有效值。TVDI 的值域是[0,1]，其中湿边 TVDI 值最小，为 0,这代表土壤的含水量几乎等于田间持水量。相反,干边的 TVDI 值最大,达到 1,表明土壤的含水量接近萎蔫点。在处理过程中,可能会出现一些像元值超出这个范围的情况,我们需要

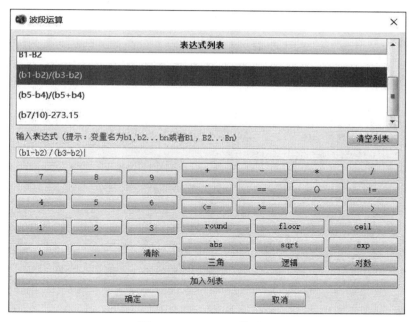

图 17.14　TVDI 运算界面

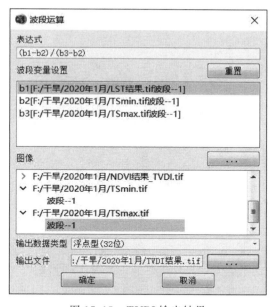

图 17.15　TVDI 输出结果

对这些值进行有效值运算,以确保数据的准确性和可靠性。在 PIE-Basic 7.0 主菜单单击
【常用功能】→【波段运算】,在波段运算对话框输入"(b1<=0) * 0+(b1>0 and b1<1) *
b1+(b1>=1) * 1",表示将小于 0 的像元值赋值为 0,0~1 的像元值保持不变,大于 1 的像
元值赋值为 1。在弹出的对话框中为 b1 选择"TDVI 结果.tif 波段--1",设置存储路径,单击
【确定】按钮,如图 17.16 和图 17.17 所示。

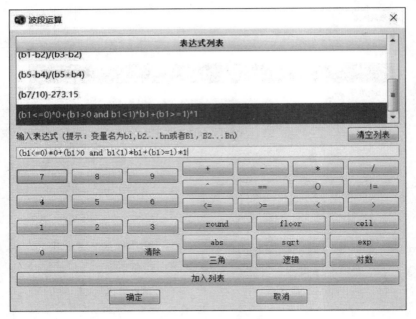

图 17.16 TVDI 最终结果运算界面

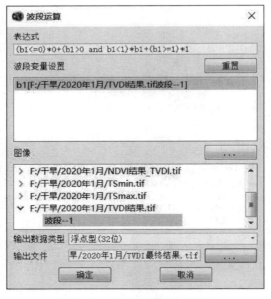

图 17.17 TVDI 输出最终结果

17.6.4 干旱指数分级

基于以上结果,参考文献《山东半岛东北部地区干旱遥感监测》(季建万等)将 TVDI 划分为 5 个等级,湿润(0～0.2)、正常(0.2～0.4)、轻度干旱(0.4～0.6)、中度干旱(0.6～0.8)和重度干旱(0.8～1)。在图层列表中右击打开 TVDI 最终结果的【图层属性】,选择【栅格渲染】,单击【已分类】,在类别中调整为 5,在分类方式中选择"手动",中断值设置为 0.2、0.4、0.6、0.8、1,单击【确定】按钮,如图 17.18 所示,调整符号样式颜色,将标注改为"湿润""正常""轻度干旱""中度干旱""重度干旱",单击【确定】按钮,如图 17.19 所示。

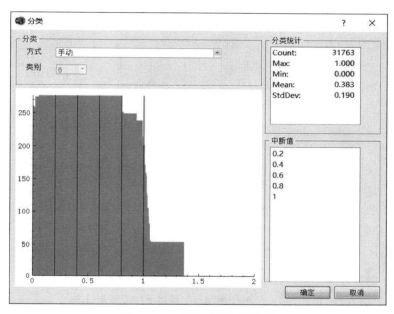

图 17.18　分类中断值调整图

图 17.19　栅格渲染设定

最后进行专题制图。在 PIE-Basic 7.0 主菜单中单击【专题地图】,在左下角选择【制图视图】,首先单击页面设置调节好图片比例,其次添加指北针、图例和比例尺,最后单击【导出地图】完成出图,如图 17.20 所示。

图 17.20

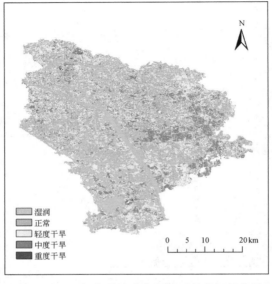

图 17.20 2020 年天津市宝坻区干旱等级划分图

专题五

水环境遥感

实验 **18**
水域分布遥感提取

18.1　实验要求

内陆水域空间分布在内陆水资源调查、旱涝灾害监测、生态系统评价等多个行业工程实践中具有重要作用。本章根据实验区域的 Landsat 影像数据,使用 PIE-Basic 软件,进行如下分析。

(1) 利用魔术棒功能提取区域的水体,计算其水域面积。

(2) 利用水体光谱指数法提取区域的水体,计算其水域面积。

(3) 利用水体一键化提取功能提取区域的水体,计算其水域面积。

18.2　实验目标

(1) 学习并熟练使用 PIE-Basic 软件的魔术棒功能。

(2) 学习并掌握如何使用 PIE-Basic 软件实现基于水体指数的水体提取。

(3) 学习并熟练使用 PIE-Basic 软件的水体一键化提取功能。

18.3　实验软件

软件:PIE-Basic 7.0。

18.4　实验区域与数据

18.4.1　实验数据

<QH>:2014 年青海湖 Landsat 8 影像数据。

<QH.shp>:青海湖矢量数据。

18.4.2　实验区域

青海湖(图 18.1)地处青藏高原东北部,跨海北、海南藏族自治州的海晏、刚察、共和三县之间。湖面东西最长 106km,南北最宽 63km,周长约 360km。青海湖是中国面积最大的高原内陆咸水湖,湖水面积 4625.6km^2,湖水容量 743 亿 m^3。青海湖是世界上海拔最高的湖泊之一,湖面海拔 3196m。流域整体轮廓呈椭圆形,自西北向东南倾斜,是一个封闭的内陆盆地,具有高原大陆性气候。青海湖是微咸水湖,矿化度较高,水补给来源是河水,其次是湖底的泉水和降水。

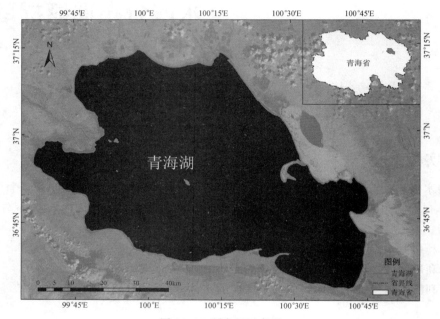

图 18.1　研究区示意图

18.5　实验原理

水体的反射率较低,当波长大于 740nm 时,几乎所有入射能量均被水体吸收。清澈水在不同波段的反射率由高到低可近似表示为:蓝光＞绿光＞红光＞近红外光＞中红外光。对于清水,在蓝绿波段反射率为 4%～5%,0.6μm 以下的红光部分反射率降到 2%～3%。水体在近红外及中红外波段(740～2500nm,相当于 TM/ETM＋的波段 4、波段 5 和波段 7)具有强吸收的特点,而植物、土壤等在这一波段则具有较高的反射性,所以这一波段通常被用来研究水陆分界,圈定水体范围,区分水体与土壤、植被等其他地物。

18.5.1　魔术棒

由于真彩色图像中,水体色彩不突出,采用假彩色合成方式显示影像。魔术棒功能可以实现单体地物的智能化提取,其操作原理是根据图像像元的 RGB 三个数值的均值提取像素区域,不是根据影像的光谱信息进行提取,对图像的拉伸显示效果不同,则提取出的效果可能不同。此外,对于水体与其他地物接壤的地方会无法识别,最好再用"元素整形"工具对魔术棒提取的地物边界进行修正,填补小空洞。

18.5.2　水体指数法

水体指数法指利用水体的光谱特征,采取波段组合的方法抑制其他地物的信息,从而达到突出水体的目的。常用的水体指数有 NDWI、改进的归一化差异水体指数(MNDWI),NDWI 是用遥感影像的指定波段进行归一化差值处理,以凸显遥感影像中的水体信息。像元的 NDWI 值越大,越接近水体反射特性。NDWI 计算公式如下。

$$\text{NDWI} = \frac{\text{Green} - \text{NIR}}{\text{Green} + \text{NIR}} \tag{18.1}$$

式中:NDWI 为归一化差值水体指数;Green 对应 ETM+影像绿光波段的反射率;NIR 为近红外波段反射率。

18.5.3　一键提取功能

PIE-Basic 软件采用的水体范围自动化监测方法是利用【水体提取】操作,通过直方图阈值(波峰或波谷)对图像进行自动分割,从而实现感兴趣目标水体的精确提取。

18.6　实验步骤

18.6.1　数据预处理

【图像预处理】模块主要是对原始影像进行一系列校正,提高数据质量,使其达到图像解译的要求。PIE-Basic 软件中图像预处理包括【辐射校正】【几何校正】【图像融合】【图像裁剪】【图像镶嵌】等子模块,如图 18.2 所示。由于 Landsat 8 数据已经经过几何校正和地形校正,所以只需进行辐射定标和大气校正。

图 18.2　【图像预处理】界面

打开 PIE-Basic 软件,单击【常用功能】→【图像运算】→【波段合成】,打开【波段合成】对话框,将多光谱波段合并为一个影像文件,如图 18.3 所示。对波段合成后的数据进行辐射定标和大气校正处理。

18.6.2　魔术棒提取

导入预处理后的影像,在影像处右击,单击【属性】,如图 18.4 所示,打开【图层属性】对话框。单击【栅格渲染】,将【RGB 合成】中的波段顺序设置为 5、6、4,其余属性参数保持默认不变,单击【确定】按钮,波段 5、波段 6、波段 4 合成非标准假彩色图像,红外波段与红色波段合成,水体边界清晰,利于湖岸识别,结果如图 18.5 所示。

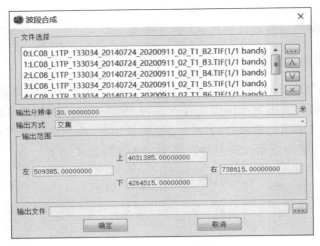

图 18.3 【波段合成】对话框

图 18.4 【属性】打开界面

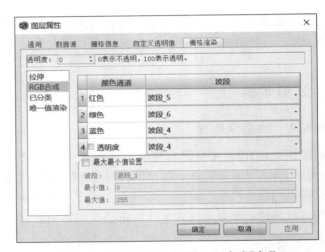

图 18.5 【图层属性】中的【RGB合成】参数

　　拉伸增强功能用来改善图像对比度,突出感兴趣的地物信息,提高图像目视解译效果。PIE-Basic 软件提供的拉伸方式包括线性拉伸(有 1%、2%、3%、5% 4 种)、直方图均衡化、标准差拉伸、自定义拉伸、最大最小值和直方图均衡化 2% 拉伸等 9 种拉伸方式,其中线性拉伸、直方图均衡化、标准差拉伸、最大最小值和直方图均衡化 2% 拉伸是自动拉伸方式。自定义拉伸需要用户手动进行拉伸。

　　由图 18.6 可见,水体部分较为明显,为继续强调水体部分,将拉伸方式改为"2%线性拉伸"。单击【显示控制】→【拉伸增强】→【2%线性拉伸】,拉伸后,水体部分更加突出,如图 18.7 所示。

　　单击【综合判读】→【信息提取】→【魔术棒】,如图 18.8 所示。

　　在视图中的栅格图像待提取区域,单击目标水体区域任意处,获取感兴趣的像素区域,如图 18.9 所示,绿色线划出区域为魔术棒提取区域。

图 18.6　非标准假彩色图像显示结果

图 18.7　2%拉伸后非标准假彩色图像显示结果

图 18.8　选择【魔术棒】界面

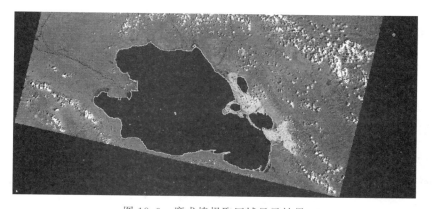

图 18.9

图 18.9　魔术棒提取区域显示结果

　　提取区域参数设置有【像素阈值】【种子点数限制】,在视图内右击,弹出菜单,可以进行
参数设置,如图 18.10 所示。

图 18.10　【图层魔术棒】参数设置

(1)【像素阈值】:以当前标记的中心点为准,不断向周边进行标记搜索,对中心点的

RGB 均值与周边像素的 RGB 均值求差值,当差值不大于阈值时,则会被标记出来,否则不进行标记。用户可以根据影像内像素特征及提取结果自行调整。阈值设置的数值越大,则选取范围的半径越大。

(2)【种子点数限制】:即从绘制提取线上捕捉的种子点个数的限制。若需绘制的提取线较长,可以调大这个参数。若需绘制的提取线较短,可以适当调小这个参数。该参数设置用来防止画线误操作,导致提取的种子点过多,计算时间过长。

该步骤需要重复操作,直至将目标水体全部提取完成。【魔术棒】功能可以理解为人工解译的一种,需要进行人机交互,同时需要用户对研究区和影像数据有较好的理解,以设置合适的阈值和种子点数。

单击【综合判读】→【信息提取】→【元素整形】,在魔术棒提取的感兴趣区绘制裁切线,面积较小的部分会直接被删除。当提取的区域中有空洞或漏选时,可进行画线操作,即按住鼠标左键穿过边界画线,可将空洞填补,合并到感兴趣区。

18.6.3 水体指数法提取水体

单击【常用工具】→【图像运算】→【波段运算】,弹出【波段运算】对话框,如图 18.11 所示。本章经验性地将阈值区间设置为[0.0182,0.385],即输入的波段运算表达式为"0.0182<=(b3-b5)/(b3+b5)<=0.385",单击【加入列表】按钮后,选择相应波段进行运算,给 b3 变量赋予波段 3,b5 变量赋予波段 5,如图 18.12 所示。

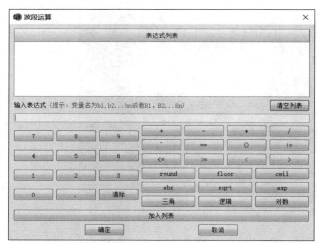
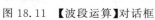
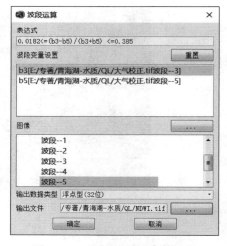

图 18.11 【波段运算】对话框　　　　图 18.12 【波段运算】参数设置

单击【确定】按钮,进行波段运算,结果如图 18.13 所示。图中的颜色带为默认颜色带,在图层列表中的 NDWI 提取结果处右击,选择【属性】中的【栅格渲染】,可以更改颜色带。

18.6.4 水体提取功能提取水体

单击【综合应用】→【水利】→【水体提取】,弹出【水体提取】对话框。
(1)【选择文件】:输入影像文件。
(2)【区域矢量】:输入提取区域的矢量范围。

图 18.13　NDWI 提取结果

（3）【输出文件】：设置输出路径与文件名。

参数设置完成后如图 18.14 所示。单击【确定】按钮，开始水体提取，结果如图 18.15 所示。

图 18.14　【水体提取】对话框

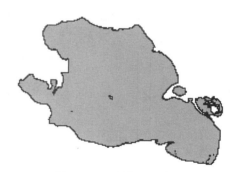

图 18.15

图 18.15　水体提取结果

18.6.5　水域面积统计

单击【矢量处理】→【统计分析】→【图斑面积自动计算】，如图 18.16 所示。打开【图斑面积自动计算】对话框，选择水体提取后的结果矢量文件之后，软件会自动生成相关矢量的面积，结果如图 18.17 所示。

图 18.16　【图斑面积自动计算】选择界面

图 18.17   图斑面积计算的结果

18.6.6   专题制图

青海湖水体提取结果专题图如图 18.18 所示。

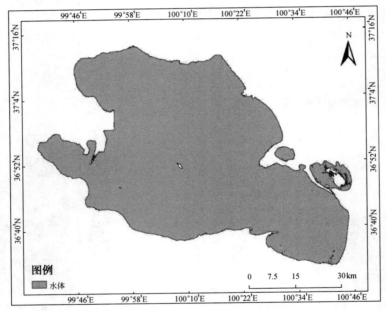

图 18.18   青海湖水体提取结果专题图

实验 **19**

水环境参数反演

19.1　实验要求

根据青海湖的哨兵 2 号影像数据,进行如下分析。

(1)对青海湖的哨兵 2 号数据进行预处理。

(2)利用波段运算输入回归统计模型,计算出每个参数的反演结果。

(3)根据水环境参数反演结果制作水环境参数空间分布专题图。

19.2　实验目标

(1)学习并掌握波段运算的功能,实现基于波段运算功能的水环境参数反演。

(2)掌握水环境参数反演的原理及方法。

19.3　实验软件

软件:PIE-Basic 7.0。

19.4　实验区域与数据

19.4.1　实验数据

<MSIL2A>:2023 年 9 月青海省青海湖的哨兵 2 号多光谱影像数据。

<QH.shp>:青海湖矢量数据。

19.4.2　实验区域

同实验 18。

19.5 实验原理

水环境参数反演是基于遥感技术和水质参数之间的相关关系,通过卫星或航空遥感平台获取的水体反射光谱信息,可以反演出水质参数如叶绿素 a 浓度、营养状态指数、悬浮物浓度、透明度、浊度、总氮、总磷、溶解氧、高锰酸盐指数、生化需氧量等,这些都是评价水质的重要指标。随着水质参数浓度的增减,水体的吸收、散射和透射等光学过程将发生变化,进而改变水体的光谱反射特性。同时,这些变化也会直接反映在水面的反射率上,使得水面对于不同波长的光线呈现出不同的反射特性。哨兵 2 号多光谱影像数据精度较高,可以很好地识别和监测水体的理化性质和生物指标。PIE-Basic 软件的波段运算功能可以对其进行反演计算。

叶绿素作为藻类的重要生化组分,其浓度不仅是衡量光能自养生物活动水平的关键指标,还直接反映了水体中浮游生物的生物量和生产力状况,浮游生物作为水生生态系统的重要组成部分,其数量和活跃程度直接影响着水体中叶绿素 a 的浓度含量。悬浮物浓度的变化会直接影响水体的光学特性,尤其是光谱反射率,随着水中悬浮物浓度的增加,水体对可见光及近红外波段的反射率会显著上升,导致水体外观由暗变亮,这种反射率的变化特性为水环境参数反演提供了重要依据。

水中的总氮是水中各种形态无机氮和有机氮的总量;总磷指水中各种元素磷和磷酸盐的总体含量;溶解氧是溶解在水中的分子态氧的总量;高锰酸盐指数是衡量地表水中还原性污染物的关键指标;水体营养状态指数是评价水体是否发生富营养化的重要依据,富营养化现象表现为水体中生产性的有机体数量远超过消费性有机体;生化需氧量则是衡量水中有机化合物等需氧物质含量的综合指标。除此之外,水体的浊度和透明度也是反映水质的重要参数。所有这些参数的变化都会在影像反射率上产生显著影响,因此可以基于反射率数据进行定量反演,从而实现对水质的有效监测和评估。

实验要求(1)数据准备;(2)是利用 PIE-Basic 7.0 软件的波段运算功能计算每个参数的反演结果;(3)根据反演结果制作水环境参数空间分布专题图。

19.6 实验步骤

19.6.1 数据的预处理

1. 波段合成

打开 PIE-Basic 7.0 软件,依次单击菜单栏【数据管理】→【通用数据加载】→【栅格数据】,导入包含 10 个波段的哨兵 2 号青海湖影像数据,单击【常用功能】→【图像运算】→【波段合成】进行 10 个波段的合成,参数设置如图 19.1 所示,设置输出路径后单击【确定】按钮,结果如图 19.2 所示。由于青海湖的栅格数据有 4 部分,因此需要进行 4 次以上的操作。

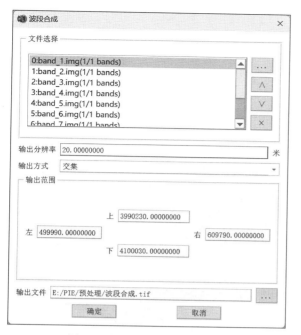

图 19.1 【波段合成】参数设置

图 19.2 波段合成结果

2. 数据镶嵌

(1) 在菜单栏中,依次单击【图像预处理】→【生成镶嵌面】,进行数据镶嵌,添加之前波段合成的 4 个数据到【镶嵌面生成】工具中。在【镶嵌面生成】中生成智能线,导出数据并命名为"镶嵌.shp",如图 19.3(a)所示。打开【导入镶嵌面】,将数据"镶嵌.shp"导入,结果如图 19.3(b)所示。

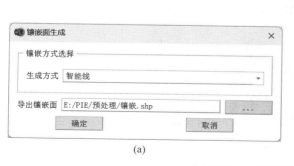

(a)

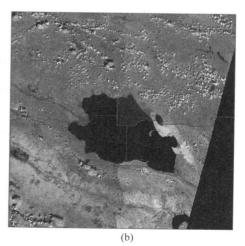

(b)

图 19.3 生成镶嵌面及结果

(2) 打开【镶嵌输出】输出结果,设置输出路径后单击【确定】按钮,最终输出结果,参数设置及结果如图 19.4 所示。

图 19.4

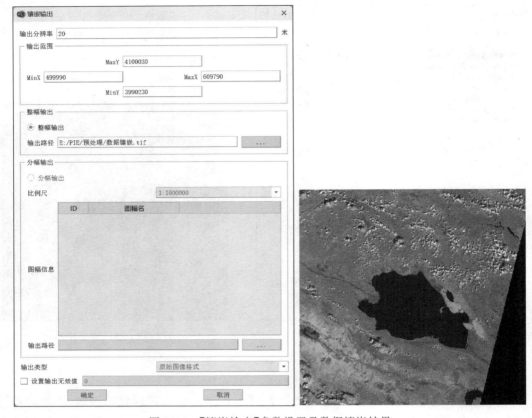

图 19.4 【镶嵌输出】参数设置及数据镶嵌结果

3. 数据裁剪

（1）单击菜单栏【数据管理】→【通用数据加载】→【矢量数据】，导入青海湖的矢量数据，如图 19.5 所示。

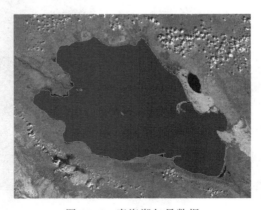

图 19.5 青海湖矢量数据

（2）单击【图像预处理】→【图像裁剪】进行数据裁剪，选择数据镶嵌后的青海湖栅格数据和青海湖矢量数据，设置输出路径，单击【确定】按钮，参数设置及结果如图 19.6 所示。

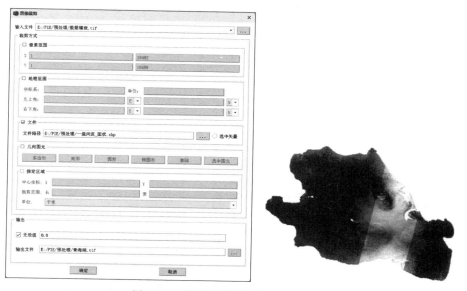

图 19.6　【数据裁剪】参数设置及结果

19.6.2　基于波段运算的水环境参数反演

1. 导入数据

打开 PIE-Basic 7.0 软件，导入预处理后的青海湖栅格数据。

2. 叶绿素 a 浓度

在 PIE-Basic 软件中单击【常用功能】→【波段运算】，在【波段运算】对话框中，输入叶绿素 a 浓度的波段运算公式"$-0.0046*((b2+b3+b8)/b4)+0.0628$"，单击【确定】按钮，进行波段变量设置，输出文件"叶绿素 a 浓度.tif"，单击【确定】按钮，即可输出叶绿素 a 浓度反演结果，如图 19.7 所示。

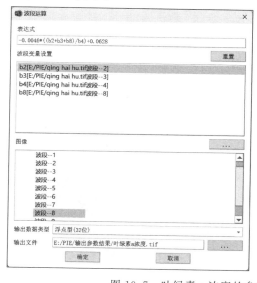
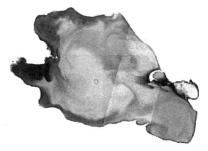

图 19.7　叶绿素 a 浓度的参数设置及反演结果

3. 营养状态指数

单击【常用功能】→【波段运算】,在【波段运算】对话框中,输入营养状态指数的波段运算公式"$197.45 * \ln(b2) + 242.43 * \ln(b3) - 407.98 * \ln(b4) + 81.00 * \ln(b8) - 639.59$",单击【确定】按钮,进行波段变量设置,输出文件"营养状态指数.tif",单击【确定】按钮,即可输出营养状态指数反演结果,如图 19.8 所示。

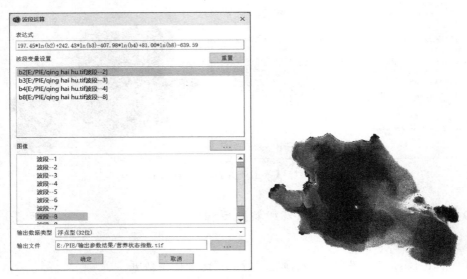

图 19.8　营养状态指数的参数设置及反演结果

4. 悬浮物浓度

单击【常用功能】→【波段运算】,在【波段运算】对话框中,输入悬浮物浓度的波段运算公式"$4940.5 * (1/b3) + 0.0179$",单击【确定】按钮,进行波段变量设置,输出文件"悬浮物浓度.tif",单击【确定】按钮,即可输出悬浮物浓度反演结果,如图 19.9 所示。

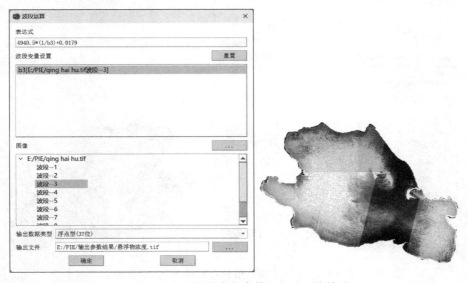

图 19.9　悬浮物浓度的参数设置及反演结果

5. 透明度

单击菜单栏【常用功能】→【波段运算】,在【波段运算】对话框中,输入透明度的波段运算公式"0.0126 * b4 + 9.295",单击【确定】按钮,进行波段变量设置,输出文件"透明度.tif",单击【确定】按钮,即可输出透明度反演结果,如图19.10所示。

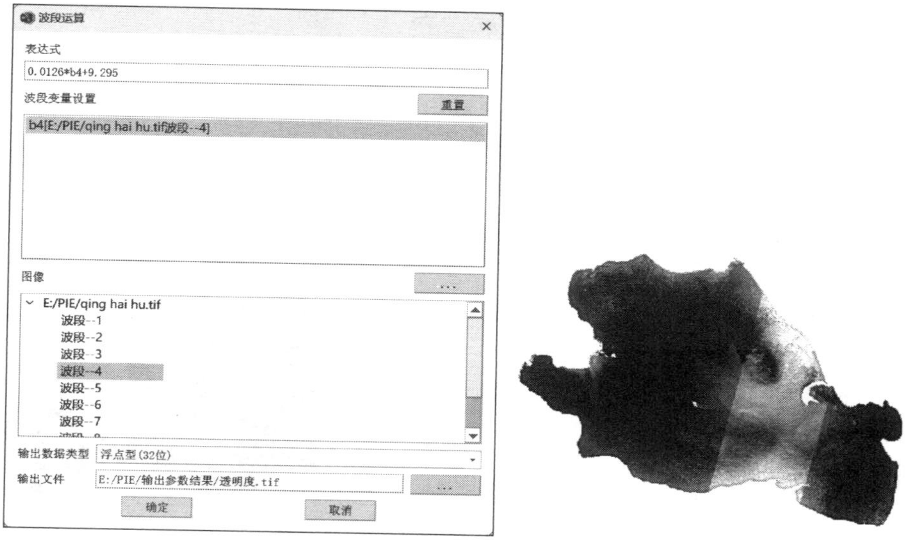

图 19.10 透明度的参数设置及反演结果

6. 浊度

单击菜单栏【常用功能】→【波段运算】,在【波段运算】对话框中,输入浊度的波段运算公式"43510 * (1/b3)^1.475",单击【确定】按钮,进行波段变量设置,输出文件"浊度.tif",单击【确定】按钮,即可输出浊度反演结果,如图19.11所示。

图 19.11 浊度的参数设置及反演结果

7. 总氮

单击菜单栏【常用功能】→【波段运算】,在【波段运算】对话框中,输入总氮的波段运算公式"0.0003 * (b3+b4)+0.7945",单击【确定】按钮,进行波段变量设置,输出文件"总氮.tif",单击【确定】按钮,即可输出总氮反演结果,如图 19.12 所示。

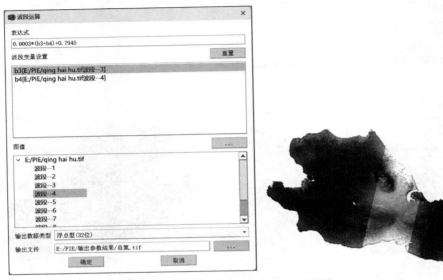

图 19.12　总氮的参数设置及反演结果

8. 总磷

单击菜单栏【常用功能】→【波段运算】,在【波段运算】对话框中,输入总磷的波段运算公式"6 * 10^(-5) * b4+0.0159",单击【确定】按钮,进行波段变量设置,输出文件"总磷.tif",单击【确定】按钮,即可输出总磷反演结果,如图 19.13 所示。

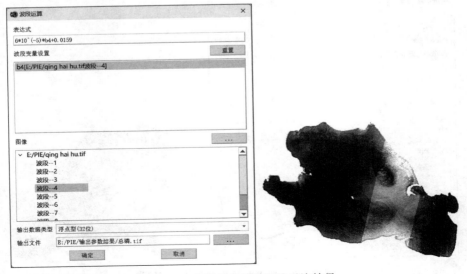

图 19.13　总磷的参数设置及反演结果

9. 溶解氧

单击菜单栏【常用功能】→【波段运算】,在【波段运算】对话框中,输入溶解氧的波段运算公式"5.87 * ((b4－b7)/(b4＋b7))＋3.28",单击【确定】按钮,进行波段变量设置,输出文件"溶解氧.tif",单击【确定】按钮,即可输出溶解氧反演结果,如图 19.14 所示。

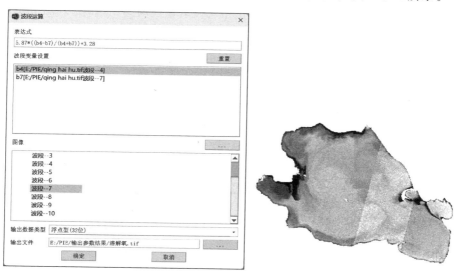

图 19.14　溶解氧的参数设置及反演结果

10. 高锰酸盐指数

单击菜单栏【常用功能】→【波段运算】,在【波段运算】对话框中,输入高锰酸盐指数的波段运算公式"6.603－3.808 * (b1/b2)",单击【确定】按钮,进行波段变量设置,输出文件"高锰酸盐指数.tif",单击【确定】按钮,即可输出高锰酸盐指数反演结果,如图 19.15 所示。

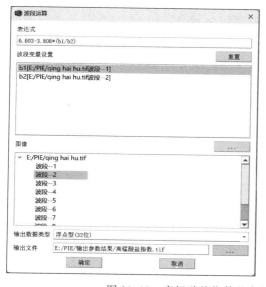

图 19.15　高锰酸盐指数的参数设置及反演结果

11. 生化需氧量

单击菜单栏【常用功能】→【波段运算】,在【波段运算】对话框中,输入生化需氧量的波段运算公式"5.1830+0.0023 * B1−0.0014 * B2−0.0039 * B3−0.0030 * B4+0.0055 * B8+0.0067 * B9−0.0028 * B10",单击【确定】按钮,之后进行波段变量设置,最后输出文件"生化需氧量.tif",单击【确定】按钮,即可输出生化需氧量反演结果,如图19.16所示。

图 19.16　生化需氧量的参数设置及反演结果

19.6.3　制作水环境参数空间分布专题图

根据水环境参数反演结果,本次专题制图以叶绿素a浓度为例,其他参数的制图过程同理。

在制图视图模式下右击数据图层,在【图层属性】中通过【栅格渲染】设置对图像基于像元值进行分类设置,单击【已分类】→【分类...】,选择"分位数"作为分类方式,单击【确定】按钮。在颜色带中设置颜色,单击【确定】按钮,见图19.17。分类渲染结果如图19.18所示。

19.6.4　专题制图

单击主界面视图区左下角的【制图视图】,将软件从【数据视图】切换到【制图视图】界面,在制图模式下即可进行专题图的制作。

更改布局为横向A4纸,添加专题图名称、图例、比例尺和方向标,配置、排版完成后,选择【导出地图】,将制图结果导出为"叶绿素a分布",如图19.19所示。

最终得到的各参数的空间分布专题图如图19.20所示。

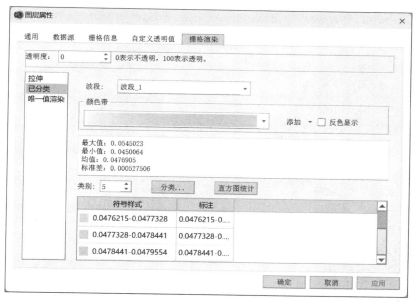

图 19.17 【栅格渲染】参数设置

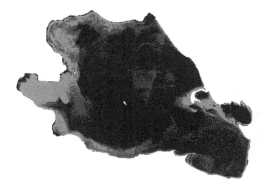

图 19.18 分类渲染结果图

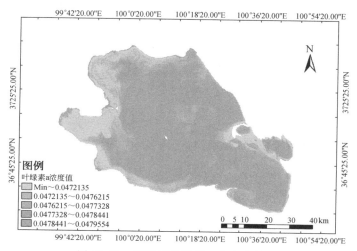

图 19.19 青海湖叶绿素 a 分布专题图

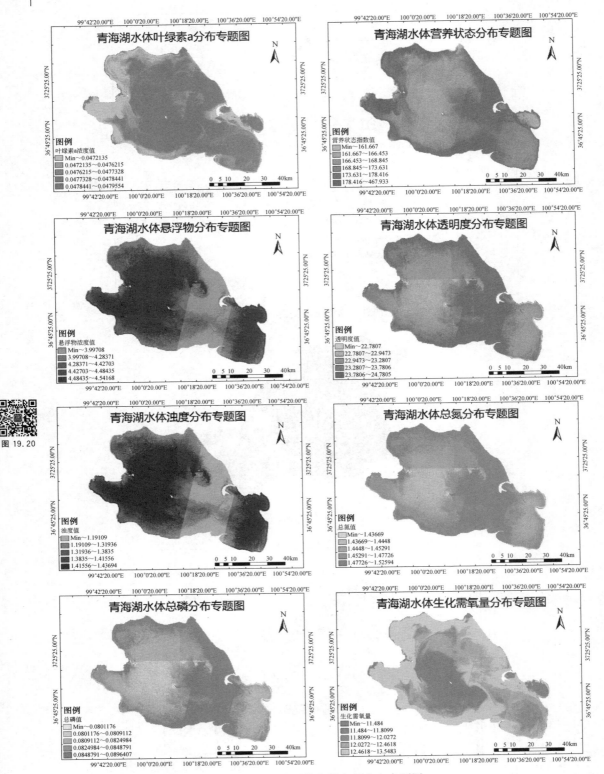

图 19.20　水环境参数空间分布专题图

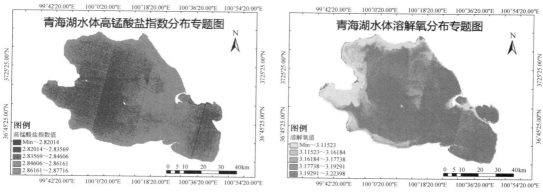

图 19.20 （续）

参 考 文 献

[1] 曹丽琴,汪都,熊海洋,等.热红外高光谱遥感影像信息提取方法综述[J].中国图象图形学报,2024,
29(8):2089-2112.

[2] 黄兴,胡旭嫣,刘微微,等.基于星载激光雷达与多光谱影像结合的土地覆盖分类方法[J].中国激光,
2024,51(8):222-230.

[3] 孙文瑞,姜慧芳,左晓庆,等.Landsat8 影像分类多分类器对比分析[J].地理空间信息,2022,20(1):
101-104.

[4] 刘嘉文.基于 Sentinel-2 数据的农作物空间种植结构提取研究[J].测绘与空间地理信息,2022,
45(11):62-64.

[5] 王镕.基于光谱和纹理特征综合的农作物种植结构提取方法研究[D].兰州:兰州交通大学,2019.

[6] 王川,常升龙,武喜红.基于 SVM 的农作物种植结构遥感提取研究[J].现代农业科技,2018(13):
230-231.

[7] 单治彬,孔金玲,张永庭,等.面向对象的特色农作物种植遥感调查方法研究[J].地球信息科学学报,
2018,20(10):1509-1519.

[8] 吴清滢,余强毅,段玉林,等.数据驱动的农作物遥感分类地面样本点布设[J].农业工程学报,2023,
39(6):214-223.

[9] 张仙.遥感影像分割及其对面向对象分类精度影响的定量研究[D].北京:中国地质大学(北
京),2017.

[10] 刘俊伟,陈鹏飞,张东彦,等.基于时序 Sentinel-2 影像的梨树县作物种植结构[J].江苏农业学报,
2020,36(6):1428-1436.

[11] 童庆禧,张兵,张立福.中国高光谱遥感的前沿进展[J].遥感学报,2016,20(5):689-707.

[12] 韦玉春,汤国安,杨昕,等.遥感数字图像处理教程[M].北京:科学出版社,2007.

[13] 刘美玲,明冬萍.遥感地学应用实验教程[M].北京:科学出版社,2018.

[14] 钱永刚,葛永慧,孔祥生.基于卷积运算的影像镶嵌算法研究[J].遥感学报,2007,11(6):811-816.

[15] 杨鹏辉,田佳,张楠,等.1990—2022 年黄河流域植被时空变化特征及未来趋势预测[J].生态学报,
2024,44(19):8542-8553.

[16] 白欣.榆林市植被覆盖度时空变化及影响因素分析[D].西安:长安大学,2022.

[17] 刘泽,陈建平.基于 Landsat-8 影像数据的北京植被覆盖度时空特征与地形因子的关系[J].成都理
工大学学报(自然科学版),2022,49(1):119-128.

[18] 纪童,王波,杨军银,等.基于高光谱的草坪草叶绿素含量模拟估算[J].光谱学与光谱分析,2020,
40(8):2571-2577.

[19] 曹英丽,邹焕成,郑伟,等.水稻叶片高光谱数据降维与叶绿素含量反演方法研究[J].沈阳农业大学
学报,2019,50(1):101-107.

[20] 赵鸿雁,颜长珍,李森,等.黄河流域 2000—2020 年土地沙漠化遥感监测及驱动力分析[J].中沙漠,
2023,43(3):127-137.

[21] 邵志东,张芳,彭康,等.基于土地覆盖变化与遥感生态指数的奇台绿洲生态环境质量监测[J].环境
科学,2024,45(10):5890-5899.

[22] 范树平,程从坤,刘友兆,等.中国土地利用/土地覆盖研究综述与展望[J].地域研究与开发,2017,
36(2):94-101.

[23] 王婷,邹滨,邹峥嵘,等.秸秆焚烧遥感监测进展分析与展望[J].遥感技术与应用,2022,37(2):

279-289.

[24] 许越越,苏涛.2015—2020年河南省秸秆焚烧火点时空分布及影响因子[J].科学技术与工程,2022,22(11):4636-4645.

[25] 权文婷,张树誉,刘艳,等.基于遥感生态指数的陕西省东庄水库流域生态环境变化监测与评价[J].水土保持通报,2022,42(5):96-104.

[26] 欧阳玲,马会瑶,王宗明,等.基于遥感与地理信息数据的科尔沁沙地生态环境状况动态评价[J].生态学报,2022,42(14):5906-5921.

[27] 欧阳玲,马会瑶,王宗明,等.基于Landsat影像的赤峰市生态环境状况评估[J].中国环境科学 2020,40(9):4048-4057.

[28] 盛辉,韦靖靖,胡耀东,等.基于多时相Sentinel-2影像多特征优选的湿地信息提取[J].海洋科学,2023,47(5):102-112.

[29] 徐振田,Ali Shahzad,张莎,等.基于Landsat数据的黄河三角洲湿地提取及近30年动态研究[J].海洋湖沼通报,2020(3):70-79.

[30] 邹青青,戚晓明,王晶,等.利用Landsat 8多光谱数据的湿地信息提取方法比较研究[J].湿地科学,2018,16(4):479-485.

[31] 万继康,沈哲辉,李珊.基于Landsat数据的地表温度反演差异及参数分析(英文)[J].红外与毫米波学报,2024,43(2):226-234.

[32] 王玉渲,王奕丹,白洋,等.基于Landsat 8 OLI的地表温度反演:以石家庄为例[J].华北理工大学学报(自然科学版),2023,45(3):19-24,31.

[33] 狄威.基于Landsat的藏东南地区积雪覆盖的时空变化研究[D].成都:四川师范大学,2022.

[34] 罗银建.基于遥感和GIS的汶川县植被与积雪覆盖变化研究[D].成都:四川师范大学,2017.

[35] 王厚望.城市不透水面遥感信息提取精度对比研究[J].测绘技术装备,2024,26(1):145-149.

[36] 段潘,张飞,刘长江.基于Sentinel-2A/B的新疆典型城市不透水面提取及空间差异分析[J].遥感学报,2022,26(7):1469-1482.

[37] 冯珊珊,樊风雷.Landsat/OLI与夜间灯光数据在提取城市不透水面中的精度差异分析[J].地理信息科学学报,2019,21(10):1608-1618.

[38] 季建万,沙晋明,金彪.山东半岛东北部地区干旱遥感监测[J].灾害学,2018,33(2):206-211.

[39] 刘羽茜,蒋廷臣,张渊智.滨海城市不透水面变化分析:以连云港市为例[J].测绘通报2018(S1):189-192,201.

[40] 李建,田礼乔,陈晓玲.水环境参数定量遥感反演空间尺度误差分析[J].测绘学报2017,46(4):478-486.

[41] 段广拓.基于多源遥感数据的水环境参量反演算法研究与应用[D].深圳:中国科学院大学(中国科学院深圳先进技术研究院),2019.

[42] TASSI A,VIZZARI M. Object-oriented LULC classification in google earth engine combining SNIC,GLCM,and machine larning algorithms[J]. Remote Sensing,2020,12(22):3776.

[43] HUANG H B,CHEN Y L,CLINTON N,et al. Mapping major land cover dynamics in Beijing using all Landsat images in google earth engine[J]. Remote Sensing of Environment,2017,202:166-176.

[44] LI M Y,LIU TX,LUO Y Y,et al. Fractional vegetation coverage downscaling inversion method based on land remote-sensing satellite (system, Landsat-8) and polarization decomposition of radarsat-2[J]. International Journal of Remote Sensing,2021,42(9):3255-3276.

[45] TIEN T N. Fractional Vegetation Cover Change Detection In Megacities Using Landsat Time-Series Images:A Case Study Of Hanoi City (Vietnam) During 1986-2019[J]. Geography,Environment,Sustainability,2019,12(4):175-187.

[46] SUN Q,JIAO Q J,DAI H Y. Research on Retrieving Corn Canopy Chlorophyll Content under Different Leaf Inclination Angle Distribution Types Based on Spectral Indices[J]. 光谱学与光谱分

析,2018,39(7):2257-2263.

[47] GUO A,YE H,LI G,et al. Evaluation of hybrid models for maize chlorophyll retrieval using medium- and high-spatial-resolution satellite images[J]. Remote Sensing,2023,15(7).

[48] QIAO D,YANG J,BAI B,et al. Non-Destructive Monitoring of Peanut Leaf Area Index by Combing UAV Spectral and Textural Characteristics[J]. Remote Sensing,2024,16(12):2182.

[49] SABELO M,AZONG M C,LAVEN N,et al. Exploring the utility of sentinel-2 for estimating maize chlorophyll content and leaf area index across different growth stages[J]. Journal of Spatial Science, 2023,68(2):339-351.

[50] SUN H L,GENG S Y,WANG X Y,et al. Estimation Method of Wheat Leaf Area Index Based on Hyperspectral Under Late Sowing Conditions[J].光谱学与光谱分析,2018,39(4):1199-1206.

[51] BAI Z F,HAN L,JIANG X H,et al. Spatiotemporal evolution of desertification based on integrated remote sensing indices in Duolun County, Inner Mongolia [J]. Ecological Informatics, 2022, 70:101750.

[52] WANG Z,SHI Y,ZHANG Y. Review of desert mobility assessment and desertification monitoring based on remote sensing[J]. Remote Sensing,2023,15(18).

[53] JING Z,GUIJUN Y,LIPING Y,et al. Dynamic monitoring of environmental quality in the Loess Plateau from 2000 to 2020 using the google earth engine platform and the remote sensing ecological index[J]. Remote Sensing,2022,14(20):5094.

[54] LU J Q,GUAN H L,YANG Z Q,et al. Dynamic Monitoring of Spatial-temporal Changes in Eco-environment Quality in Beijing Based on Remote Sensing Ecological Index with Google Earth Engine [J]. Sensors and Materials,2021,33(12):4595.

[55] GUO B B,FANG Y L,JIN X B,et al. Monitoring the effects of land consolidation on the ecological environmental quality based on remote sensing:A case study of Chaohu Lake Basin,China[J]. Land Use Policy,2020,95(C):104569.

[56] SONG Y Y,XUE D Q,DAI L H,et al. Land cover change and eco-environmental quality response of different geomorphic units on the Chinese Loess Plateau[J]. Journal of Arid Land,2020,12(1): 29-43.

[57] HUAN T,JIAWEI F,RUIJIE X,et al. Impact of Land Cover Change on a Typical Mining Region and Its Ecological Environment Quality Evaluation Using Remote Sensing Based Ecological Index (RSEI)[J]. Sustainability,2022,14(19):12694.

[58] YIN S,WANG X F,XIAO Y,et al. Study on spatial distribution of crop residue burning and $PM_{2.5}$ change in China[J]. Environmental Pollution,2017,220(Pt A):204-221.

[59] WANG Y,JIN S,DARDANELLI G. Vegetation classification and evaluation of Yancheng Coastal Wetlands based on random forest algorithm from sentinel-2 images[J]. Remote Sensing,2024,16(7).

[60] QIAN H Y,BAO N S,MENG D T,et al. Mapping and classification of Liao River Delta coastal wetland based on time series and multi-source GaoFen images using stacking ensemble model[J]. Ecological Informatics,2024,80102488.

[61] JIANG W H,ZHANG M,LONG J P,et al. HLEL:A wetland classification algorithm with self-learning capability,taking the Sanjiang Nature Reserve I as an example[J]. Journal of Hydrology, 2023,627:130446.

[62] ZHANG W H,JIA Z Y,LI B,et al. Research on Landsat 8 land surface temperature retrieval and spatial-temporal migration capabilities based on random forest model [J]. Advances in Space Research,2024,74(2):610-627.

[63] ALI S A,PARVIN F,AHMAD A. Retrieval of land surface temperature from landsat 8 OLI and TIRS:A comparative analysis between radiative transfer equation-based method and split-window

algorithm[J]. Remote Sensing in Earth Systems Sciences,2023,6(1):1-21.

[64] FANG H,WEI Y,DAI Q. A novel remote Sensing index for extracting Impervious surface distribution from Landsat 8 OLI imagery[J]. Applied Sciences,2019,9(13).

[65] HUANG F H,YU Y,FENG T H. Automatic extraction of urban impervious surfaces based on deep learning and multi-source remote sensing data[J]. Journal of Visual Communication and Image Representation,2019,60:16-27.

[66] GETANEH Y,ABERA W,ABEGAZ A,et al. Surface water area dynamics of the major lakes of Ethiopia（1985-2023）:A spatio-temporal analysis[J]. International Journal of Applied Earth Observation and Geoinformation,2024,132:104007.